오늘은 타파스

오늘은 타파스

권혜림 지음

심플 레시피와 스페인의 맛 이야기

BOOKERS

PTP
Casa Pepe de la Judería.

FIGHTING
ANIMAL
TESTING

ADO DE TERNERA
ALCACHOFAS
ASQUITO DE POLLO
CON CHIMICHURRI
LLA DE PATATA, CEBOLLA
Y CHORIZO
Bikini
jabu
y to

맛있는 타파스 여행을 시작하며

대구에서 40년 만의 더위라는 여름날에 태어났다. 그래서일까. 스페인에서 온몸을 감싸 안는 듯한 뜨거운 태양 아래에서 타파스의 맛은 이내 긍정적인 기운과 에너지가 차오르게 했다. 스페인 음식문화를 파고든 지 10여 년이 지났다. 나에게 스페인은 여전히 새롭고 흥미롭다.

《스페인의 맛》 출간 이후 다음 책은 타파스 요리책이라고 마음속에 품고 있었다. 팬데믹 상황에서도 그 열정의 불씨는 다행히 꺼지지 않았다. 이내 나를 활활 타오르게 하는 주제는 여전히 타파스다.

타파스(Tapas)는 한 잔 술의 안주로 제공되는 소량의 음식을 말한다. 스페인에서는 타파스 바를 이동하며 타파스를 먹는다. 어찌 보면 스페인 사람은 한자리에 가만히 못 있는 듯하다. 신대륙을 발견하러 배를 타고 이리저리 용감히 떠난 걸 보면 말이다.

와인에서 나는 감미로운 향 때문에 곤충이 잔 속으로 들어가는 걸 막고자 타파(Tapa, 뚜껑이라는 뜻)로 와인 잔을 덮었다는 이야기는 가장 널리 알려진 타파스의 기원 중 하나다. 800년간 아랍 무어인의 지배를 받은 스페인은 음식에도 여전히 아랍 문화가 진하게 남아 있다. 북아프리카 아랍 베두인족은 여전히 전통적이고 정성 가득한 환대로 여러 작은 요리를 대접하는데, 어쩌면 타파스의 기원은 북아프리카에서 출발했을지도 모른다.

가톨릭, 아랍, 유대교 문화와 신대륙에서 들여온 식재료에 대서양과 지중해에서 나는 생선과 해산물, 메세타 고원에서 자라는 콩과 풍부한 채소, 과일에 다양한 육류로 스페인은 풍성한 식문화를 이뤄왔다. 음식에 대한 깊은 사랑과 열정은 스페인 문화의 고유한 부분으로, 스페인 요리법의 중심에는 좋은 재료, 깊은 풍미, 지속 가능한 자연과 공존한다는 철학이 있다.

타파스의 변신은 무한하다. 개별적인 한 입 거리 요리는 물론 냄비 요리를 작은 접시에 담으면 타파스가 된다. 따로 또 같이, 재료에 따라 수프부터 샐러드, 해산물, 고기에 이어 디저트까지 코스 요리로 가능하다.

타파스를 빵 사이에 끼워 넣으면 샌드위치로, 타파스 재료를 꼬치에 꽂으면 핀초스로 즐길 수 있다. 밥이랑 곁들여 먹으면 한 그릇 요리가 된다. 다양한 재료만큼이나 술과 궁합을 이루는 타파스. 먹는 재미, 만드는 재미가 있는 타파스는 지루할 틈이 없다. 재료 본연의 맛을 살려 건강하고 든든한 요리, 타파스와 함께라면 맛있는 일상이다.

안달루시아 세비야는 타파스의 수도로 여기지만, 타파스는 스페인 전역의 문화다. 각 지역에서 나는 풍부한 식재료로 전통적인 맛에 현대적인 감각을 가미해 다양한 변주가 일어난다.

바스크에서는 핀초스(Pintxos)로 개별적인 요리를 꼬치에 고정해 창조적인 요리들을 선보인다.

《오늘은 타파스》에는 안달루시아부터 마드리드, 카탈루냐, 발렌시아, 갈리시아, 바스크, 라 리오하 등 스페인 각 지역의 에센스를 느낄 수 있는 메뉴로 구성했다. 주변에서 쉽게 구할 수 있는 재료로 집에서 맛있고 간단하게 만들 수 있는 레시피를 소개하고자 했다.

맛으로 기억된 순간은 오래도록 마음에 남는다. 순례길 종착지 산티아고 데 콤포스텔라에서 먹은 가리비구이는 남다른 의미로 다가왔다. 타파스는 일상에 활기와 악센트를, 마음속 이야기를 끌어내는 힘이 있다. 아침 점심 저녁, 출출할 때 먹는 간식이자 메인으로도 손색없는 타파스는 스페인을 가장 가까이 만나는 방법이다.

여러분만의 타파스 여행에서 맛있는 이야기가 이어지길 바라며,
부엔 프로베초(Buen provecho 맛있게 드세요)!

Contents

Prologue | 맛있는 타파스 여행을 시작하며 008

1 채소

스페인의 맛 | **스페인 요리의 에센스, 올리브와 올리브 오일** 019

01 오렌시 마리네이드 올리브 Aceitunas aliñadas al aceite de oliva, naranja y tomillo 025

스페인의 맛 | **주렁주렁 벽에 걸어두고 하나씩, 펜자르 토마토** 027

02 판 콘 토마테 Pan con tomate 033

03 살모레호 Salmorejo 035

04 병아리콩 샐러드 Ensalada de garbanzos 037

05 로메스코에 완두콩 Guisantes tiernos al romesco 039

06 고추 튀김 Pimientos fritos 041

07 꿀 가지 튀김 Berenjenas fritas con miel 043

스페인의 맛 | **칼솟과 칼솟타다** 044

08 칼솟과 로메스코 소스 Calçot y Salsa Romesco 049

09 피스토 만체고 Pisto manchego 051

10 셰리 소스와 양송이 덮밥 Arroz con champiñones y salsa de jerez 053

스페인의 맛 | **언제 어디서나 감자** 054

11 파타타스 브라바스 Patatas bravas 061

스페인의 맛 | **여름날의 화이트 아스파라거스** 062

스페인의 맛 | **오래오래 오렌지 향** 067

2 고기

스페인의 맛 | **하몬과 엠부티도** 073

12 멜론 콘 하몬 핀초스 Pintxos de melón con jamón 079

13 하몬 치즈 핀초스 Pintxos de jamón y queso 081

14 알리올리와 구운 모르시야 Morcilla brasa con allioli 083

15 와인에 빠진 치스토라 Txistorra al vino tinto 085

스페인의 맛 | **행복한 오후의 한때, 아스투리아스 카브랄레스 치즈** 086

16 하몬 이베리코 블루치즈 크로케타스
Croquetas de jamón ibérico y queso azul 093

17 초리소 리오하니토 Chorizo riojanito 095

18 알본디가스 Albóndigas 097

19 마늘 치킨 윙 Alitas de pollo al ajillo 099

20 하몬으로 속을 채운 양송이 Champiñones rellenos con jamón 101

21 엠파나디야스 데 카르네 Empanadillas de carne 103

스페인의 맛 | **미식의 보석, 아냐나 소금 계곡을 찾아** 104

3 생선과 해산물

스페인의 맛 | **캐비어를 사랑하는 셰프들** 113

22 올리브 캐비어 Caviar de aceitunas 119

스페인의 맛 | **칸타브리아 안초아는 사랑을 싣고** 120

23 힐다 Gilda 127

24 엔다이브에 곁들인 새우와 훈제연어 Endibias, langostino y salmón 129

25 메히요네스 콘 비나그레타 Mejillones con vinagreta 131

26 문어와 아보카도 살피콘 Salpicón de pulpo y aguacate 133

27 풀포 아 페이라 Pulpo á feira 135

28 순례길 가리비 철판구이 Zamburiñas a la plancha 137

스페인의 맛 | **타파스에 더 가까이, 소프리토** 138

스페인의 맛 | **짧은 국수 피데오는 어디에서 왔을까** 142

29 피데우아 Fideúa 147

30 아로스 네그로 Arroz negro 149

스페인의 맛 | **바스크 축제엔 시드라와 차콜리** 151

31 바스크 초록 소스에 담긴 조개 Almejas en salsa verde a País Vasco 157

32 감바스 알 아히요 Gambas al ajillo 159

33 칼라마레스 보카디요 Bocadillo de clamares fritos 161

34 홍합 에스카베체와 감자 Mejillones en escabeche con patatas 163

4 달걀과 치즈

35 만체고 치즈 롤리팝 Piruletas de manchego 167

36 셀러리와 코티지 치즈 보트 Barquitas de apio y requesón 169

37 우에보스 로토스 바스코스 Huevos rotos vascos 171

38 토르티야 데 파타타스 Tortilla de patatas 173

39 러시안 샐러드와 달걀 새우 몬타디토
Montadito de ensaladilla rusa, langostino y huevo 175

40 멜 이 마토 Mel i mato 177

5 디저트와 음료

스페인의 맛 | **아페리티보의 즐거움, 베르무트** 181

41 상그리아 Sangría 187

42 크레마 카탈라나 Crema catalana 189

43 바스크 치즈 케이크 Tarta de queso vasca 191

스페인의 맛 | **달달한 도시 아스트로가에서 초콜라테** 192

44 투론 데 수차드 Turrón de Suchard de arroz hinchado 199

45 캐러멜 아몬드 Almendras Garrapiñadas 201

Epilogue | 식탁 위에서 이야기, 소브레메사 203

1

채소

VERDURAS

스페인에서 재배하는 채소는 각 지역의 기후와 토양에 따라 다르다. 아스파라거스와 아티초크는 스페인 북동부 나바라에서, 병아리콩은 카스티아에서, 쌀은 주로 발렌시아에서 생산한다. 아메리카 대륙에서 감자, 토마토, 고추가 도착한 이후 스페인 요리는 더욱 풍성하고 새롭게 변형되었다. 스페인은 올리브 오일 생산량이 가장 많은 나라이자 과일, 채소, 특히 감귤류의 최대 수출국 중 하나다. 맛과 향을 더하는 향신료로 마늘을 즐겨 사용하며 사프란은 아랍에서 왔다.

Chicharro Escabechado
Bacalao en aceite de oliva
25'50
P.V.P. € KILO
Boquerones en vinagre
1/4 KILO
Gordal deshuesada
10'90
P.V.P. € KILO
Brochetas
1'10
Negra Cacereña
5'90
P.V.P. € KILO

스페인 요리의 에센스,
올리브와 올리브 오일

"엑스트라 버진 올리브 오일 맛보세요."

"어머나, 엑스트라 버진 올리브 오일에서 바나나 향과 토마토, 청사과 향이 이렇게 났나요?"

스페인 마트를 가면 이쪽 끝에서 저쪽 끝까지 다양한 품종의 엑스트라 버진 올리브 오일이 진열되어 있다. 스페인에서 올리브 오일은 마치 공기와 같다. 주변에 늘 있어서 그 맛의 가치를 발견하기보다 일상에 스며 있다. 안달루시아의 한 유명한 올리브 오일 생산자가 스페인에서 여러 품종의 엑스트라 버진 올리브 오일을 비교 시음하는 자리를 마련했는데, 맛을 다 안다던 이도 새롭게 느껴진 오일 맛에 종종 놀라기도 한다는 말을 웃으며 전했다.

10월에서 12월 무렵, 남부 안달루시아를 가면 긴 막대기로 나무를 두드리는 사람을 볼 수 있다. 일 년에 한 번 햇 올리브를 수확하는 풍경이다. 올리브 오일의 품질은 올리브 열매에 달렸다. 그린 올리브로 생산한 오일이 품질이 좋다. 완전히 익은 블랙 올리브보다 오일 생산량은 적으나 목을 '탁' 치는 매운맛과 기분 좋은 풀 향에 산뜻하고 신선한 맛과 향을 지녔다.

스페인 요리에서 가장 필수적인 재료 중 하나인 올리브 오일은 품종과 블랜딩에 따라 맛과 향이 다르고 요리에 알맞게 사용하면 더 섬세하게 즐길 수 있다. 올리브 과육에서 나오는 물과 오일을 분리하는 작업을 한 게 올리브 오일로, 열을 가하지 않고 저온에서 추출하는 만큼 올리브 오일은 주스처럼 맑다.

스페인 올리브 오일은 와인과 매우 비슷하다. 그 독창성은 24개의 다양한 올리브 오일 품종과 올리브가 자라는 여러 토양과 기후에서 비롯된다. 카탈루냐 지방은 샐러드 드레싱에 알맞은 아르베키나(Arbequina) 품종의 오일을 주로 생산하며, 안달루시아 지방은 가스파초와 살모레호에 적합한 약간 쓴맛이 더 강한 피쿠알(Picual) 품종의 오일을 가장 많이 생산한다.

스페인 요리에서 튀김의 중심지인 안달루시아에서는 풍부한 생산량만큼이나 올리브 오일로 튀김 요리를 한다. 달걀 프라이에도 물론 올리브 오일이다. 물 쓰듯 기름을 사용한다.

매우 낮은 온도에서 올리브 오일에 생선이나 채소를 구우면 내부 수분을 촉촉하게 유지한다. 발연점이 210도인 엑스트라 버진 올리브

ORO BAILEN
HOJIBLANCA
Ho
ORO BAILEN
HOJIBLANCA
Ho
ORO BAILEN
PICUAL
Pi
ORO BAILEN
PICUAL
Pi
ORO BAILEN
ARBEQUINA
Ar
ORO BAILEN
ARBEQUINA
Ar

오일은 튀김부터 볶음 등 가열하는 요리에도 두루 활용한다. 치즈는 물론 바닐라 아이스크림에 신선한 엑스트라 버진 올리브 오일을 뿌려 그 맛과 향을 그대로 즐긴다.

전통적으로 절구에 마늘과 올리브 오일을 넣고 나무 막대로 계속 원을 그리며 저어 만드는 마늘 마요네즈 알리올리(Allioli)는 액체로 만드는 금이라 부르기도 한다. 매우 조밀하고 걸쭉한 알리올리는 채소와 해산물, 쌀 요리와 샐러드에 깊고 풍부한 맛을 더한다.

스페인에서 올리브 품종만 해도 200여 가지다. 올리브에 씨를 빼고 그사이에 파프리카 조각을 넣어 절임을 만들기도 하고 김치를 담그듯 여러 방식으로 테이블 올리브 절임을 만든다.

올리브와 올리브 오일은 스페인 미식에서 가장 기본 중 하나로 기원전부터 지금까지 스페인 요리의 바탕을 이룬다. 맛과 품질에 대한 열정으로 훌륭한 엑스트라 버진 올리브 오일을 만드는 게 요즘 스페인 올리브 오일의 트렌드다.

10~15 min.

오렌지 마리네이드 올리브

스페인 미식의 베이스 중 하나는 올리브다. 세계 최대 올리브 생산지 스페인의 시장이나 타파스 바 어디든 올리브 절임이 있다. 올리브 절임을 식탁에 올리기 전에 마리네이드하면 맛이 한층 더 업그레이드된다. 올리브가 지닌 고유한 맛을 살려내면서 맛과 향을 더욱 산뜻하게 하는 비법은 알리뇨(Aliño, 드레싱)에 있다. 좋아하는 올리브 절임을 사서 나만의 알리뇨에 재워 더욱 풍부한 맛을 즐길 수 있다.

ingredient / 2인분

올리브 120g
오렌지 ½개
레몬 ½개
마늘 2쪽
셰리 식초 1T
타임 1가닥
엑스트라 버진 올리브 오일 3T
소금 약간

recipe

1 세척한 오렌지와 레몬은 필러로 껍질을 벗기고 따로 둔다. 오렌지는 즙을 내고 마늘은 다진다.

2 큰 볼에 1과 셰리 식초, 타임, 올리브 오일, 소금을 넣고 잘 섞는다. 올리브를 추가해 고루 버무린다.

3 밀폐 용기에 2를 담고 뚜껑을 덮어 적어도 12시간 동안 실온에 두었다가 먹는다.

tip

더욱 깊고 풍부한 맛을 원한다면 마리네이드한 올리브를 실온에 2~3일 두었다가 먹는다.

Herrera
Producto: TOMATA DE PENJAR
GENERAL CUCALA 51 12570 ALCALÁ de XIVERT

주렁주렁 벽에 걸어두고 하나씩, 펜자르 토마토

최대 6개월 동안 벽에 걸어두고 먹는 토마토가 있다. 곶감처럼 주렁주렁 매달아놓지만 말린 상태가 아닌 싱싱한 토마토 그대로다. 매달린 토마토, 펜자르 토마토(Tomata de penjar)는 지중해와 마주한 발렌시아 지방 카스테욘 주 알칼라 데 치베르트(Alcalà de Xivert)의 대표 농산물로 크기, 껍질, 색깔, 긴 유통기한에 수작업 방식으로 다른 품종의 토마토와 구별된다.

수확 후에는 토마토 꼭지에 실로 꿰매고 끈으로 묶어 꾸러미를 만든다. 재래종 펜자르 토마토 생산을 위해서는 특별한 기후와 염수가 필요하다. 고온다습한 지중해성 기후에서 고품질 제품을 얻을 수 있는데, 주요 생산지는 알칼라 데 치베르트 해안 지역이며, 카탈루냐와

발레아릭 제도에서도 일부 생산한다.

예전에는 토마토가 여름 제철 채소였다. 펜자르 토마토는 여름에 수확한 토마토를 겨울까지 먹기 위해 실로 꿰어 엮던 모양에서 이름이 유래했다. 스페인어로 토마테 데 콜가르(Tomate de colgar), 발렌시아어로 '매달린 토마토'라는 뜻의 펜자르 토마토는 주로 빵에 바르거나, 튀기거나, 구이로 먹거나, 샐러드에 사용한다.

펜자르 토마토를 빵에 쓱쓱 문지르면 과즙이 몽땅 빵에 스며들고 껍질만 남는다. 만져보면 단단한데 속에는 새콤달콤한 즙이 굉장히 풍부하다. 벽에 걸어두고 아침마다 하나씩 따서 카탈루냐 토마토 빵, 판 콘 토마테(Pan con tomate) 만들기에 아주 제격이다. 발렌시아에서 생산한 펜자르 토마토는 주로 카탈루냐에서 소비한다. 카탈루냐 식탁에서 판 콘 토마테는 주식이나 다름없다.

초가을 알칼라 데 치베르트에서 펜자르 토마토를 생산하는 토마타 에레라(Tomata Herrera) 농장에 들렀다. 대나무 지지대가 쭉 늘어선 토마토 농장엔 수확이 한창이었다. 농장 대표 호세 씨는 잘 익은 토마토와 같은 빨간색 티셔츠를 입고 있었다.

손으로 토마토를 감싸고 엄지손가락을 꼭지 부문 줄기에 대고 약간 비틀면서 꼭지 채 따야 한다. 꼭지는 제법 굵고 단단하다. 펜자르 토마토에 꼭지가 없으면 상품으로 내놓을 수 없다. 농장에서 토마토를 따며 일손을 도왔는데, 간혹 토마토 줄기에 꼭지만 남겨진 채 토마토만 똑 따지는 경우가 있었다.

"앗, 실수로 꼭지 없이 토마토만 따버렸어요."

호세 씨는 웃으며 그냥 맛보라 했다. 옷에 쓱쓱 문질러 토마토를 한입 베었다. 추르릅 소리와 함께 토마토는 무르지 않고 단단하고도 새콤달콤한 즙이 가득했다.

야외 농장에서 수확 후 펜자르 토마토가 자라는 비닐하우스에 갔다. 에레라 농장은 겨울과 봄에 하우스에서 토마토를 재배하고 여름, 가을에는 야외에서 생산한다. 하우스에는 이제 발목 높이만큼 자란 귀여운 토마토가 있었다.

차를 타고 펜자르 토마토 저장고이자 작업장으로 이동했다. 작업장에서는 아랍계 스페인 여성이 한창 일하는 중이었다. 바늘을 든 작업자 손에는 골무가 껴 있었다. 토마토 꼭지에 실로 꿰매고 엮어 주렁주렁 꾸러미를 만드는 것을 보다 보니 작업이 눈에 익었다. 나도 옆에 나란히 앉아 토마토 꼭지에 바늘 끝을 엄지로 꾹 누르며 실을 통과해 하나씩 엮어나갔다. 작업하다 보니 어느새 속도가 붙었다. 상자에 담은 펜자르 토마토는 작업장에서 일주일가량 숙성한 후 카탈루냐로 배송한다.

본격적인 가을 수확과 더불어 10월 한 달 동안 펜자르 토마토 가이드 투어를 진행한다. 알칼라 데 치베르트 마을 레스토랑에서는 펜자르 토마토로 만든 요리를 선보인다. 펜자르 토마토가 알칼라 데 치베르트 지역에 명성을 부여한다고 여겨 자치 단체에서 적극적인 홍보와 시식 활동을 펼친다. 펜자르 토마토 축제인 셈인데 펜자르 토마토를 활용한 요리법을 알리는 미식 시연 행사도 연다. 펜자르 토마토

와 함께하는 미식의 날을 기념하기 위해서다.

펜자르 토마토로 코스 요리를 선보이는 릴야(L'Illa Restaurant Asador)는 지역에서도 인기 있는 레스토랑이다. 식당 앞에는 요트가 나란히 정박해 있다. 지중해를 바라보며 식사할 수 있는 야외 테라스는 만석이다. 판 콘 토마테를 시작으로 토마토 수프가 나왔다. 안달루시아의 차가운 수프 가스파초가 아닌 따스한 수프였다. 담백하고 부드러우면서 은은하게 단맛이 느껴진 수프로 포근하게 허기가 달래졌다.

"펜자르 토마토 하나가 일반 토마토 500g이 내는 맛을 냅니다." 호세 씨는 요리가 나오는 중간에 펜자르 토마토의 우수성을 설명했다.

메인으로 생선과 고기 요리에 구운 펜자르 토마토와 후식으로 토마토 푸딩이 차례로 나왔다. 입안에서 팡팡! 토마토의 매력을 한껏 느꼈다. 감자 다음으로 세계에서 두 번째로 많이 생산하고 소비하는 채소 작물 토마토의 매력은 어디까지일까.

10
min.

판 콘 토마테

카탈루냐 식탁에서 빠지지 않는 판 콘 토마테는 우리집 식탁에도 자주 등장한다. 재료는 간단하다. 토마토, 마늘, 올리브 오일, 소금만 있으면 된다. 카탈루냐어로 빵과 토마토라는 뜻으로 판 투마카(Pan tumaca), 판 이 토마케트(Pan i tomáquet)라고 하는 토마토 빵은 카탈루냐 지중해 식단을 대표하는 요리다. 다양한 품종의 신선한 엑스트라 버진 올리브 오일과 토마토로 만들어 먹는 재미가 있다. 간식으로 아침 식사로 간편하고 맛있다.

ingredient / 2인분

바게트 4조각
마늘 2쪽
엑스트라 버진 올리브 오일 적당량
소금 약간

recipe

1 슬라이스한 바게트는 팬이나 오븐에서 양면으로 굽는다.
2 토스트한 빵에 생마늘로 문지른 다음 자른 토마토 단면을 빵에 문질러 즙이 스며들게 한다. 토마토를 강판이나 블렌더로 갈아서 빵에 발라도 좋다.
3 토마토를 바른 빵 위에 올리브 오일을 취향껏 뿌리고 그 위에 소금을 뿌린다.

tip

판 콘 토마테에 하몬이나 안초아를 곁들이면 더욱 풍부한 맛을 즐길 수 있다.

20
min.

살모레호

코르도바의 미식을 대표하는 살모레호 수프는 19세기에 만들어진 레시피로, 코르도바 문화유산의 한 부분이다. 살모레호는 가스파초와 비슷한데 빵이 더 들어가서 텍스처가 보다 뭉근하다. 토핑으로 하몬과 달걀 등 기호에 따라 자신이 원하는 재료를 듬뿍 넣어 먹을 수 있어 좋다. 식전 타파스로 간편한 아침 식사로 그만이다. 살모레호 수프 한 그릇을 먹고 나면 오전 내내 든든하다.

ingredient / 2인분

토마토 350g
바게트 70g
마늘 1쪽
엑스트라 버진 올리브 오일 50ml
셰리 식초 1T
소금 $\frac{1}{2}$t
후추 약간

topping

하몬 이베리코 4장
삶은 달걀 1개

recipe

1 듬성듬성 자른 토마토와 바게트, 마늘을 통에 넣고 블렌더로 섞어준다. 소금과 후추로 간을 하고 셰리 식초를 넣는다.

2 덩어리 없이 스무디와 같은 질감이 나올 때까지 블렌더로 섞어준다.

3 블렌더 속도를 낮추어 올리브 오일을 넣고 에멀전 상태로 잘 섞이게 한다.

4 하몬 이베리코와 삶은 달걀을 곱게 다져 살모레호에 장식한다. 올리브 오일을 몇 방울 떨어트려 마무리한다.

tip

달걀은 삶은 즉시 얼음을 넣은 찬물에 담갔다가 껍질을 까면 잘 벗겨진다.

10 min.

병아리콩 샐러드

스페인에서는 병아리콩을 즐겨 먹는다. 샐러드와 수프는 물론, 크림 형태의 후무스, 코시도 스튜에 듬뿍 들어간다. 미쉐린 3스타 조안 로카 셰프는 지속 가능한 미식이라는 주제로 식단을 정했는데, 그중 하나가 병아리콩이다. 병아리콩은 섬유질이 풍부하고 혈액의 콜레스테롤 양을 줄여 심혈관 질환의 위험을 낮추는 데 효과가 있다. 시중에 나와 있는 병아리콩 통조림으로 간단하게 준비해 건강하게 즐길 수 있다.

ingredient / 2인분

병아리콩 통조림 캔 1개
삶은 달걀 2개
소금 약간

dressing

화이트 와인 식초 2T
엑스트라 버진 올리브 오일 4T
다진 파슬리 1t
다진 양파 1t
소금 약간
후추 약간

recipe

1. 병아리콩은 체에 밭쳐 물기를 제거한다.
2. 달걀은 삶아 준비한다.
3. 볼에 화이트 와인 식초, 올리브 오일, 다진 파슬리, 다진 양파를 넣고 포크로 골고루 저어주고 소금과 후추로 간을 한다.
4. 드레싱 볼에 병아리콩을 넣고 골고루 버무려주고 삶은 달걀을 다져 넣고 부드럽게 살살 섞어준다.
5. 실온이나 냉장고에 두었다 차갑게 먹는다.

tip

말린 병아리콩으로 요리할 경우, 최소 12시간 물에 담가 두었다가 삶는 것이 좋다.

20
min.

로메스코에 완두콩

로메스코는 매우 다재다능한 소스다. 채소와 생선, 고기에 이르기까지 다양한 재료와 어울린다. 봄에 수확한 완두콩은 부드러운 식감에 유난히 단맛이 난다. 하얀 완두콩 꽃잎이 채 떨어지지 않은 완두콩 깍지에서 꺼낸 완두콩으로 밥을 지어보면 향이 다르다는 걸 느낄 수 있다. 로메스코 소스에 완두콩을 곁들여 먹는 건 카탈루냐 방식이다. 로메스코에 부드러운 완두콩은 봄 기운이 가득 느껴지는 맛이다.

ingredient / 2인분

완두콩 1컵
엑스트라 버진 올리브 오일 2T
다진 파 4T
물 50ml
로메스코 소스 240ml
민트 8잎
소금 약간

recipe

1 프라이팬에 올리브 오일을 두르고 중불에서 파를 5분 볶는다.
2 완두콩을 넣고 불을 더 세게 해 볶다가 물을 넣고 중약불에서 볶는다.
3 접시 위에 로메스코 소스를 얹는다. (로메스코 소스 만드는 법은 p049 참고)
4 3에 볶은 완두콩과 파를 올리고 민트로 장식한 후 소금을 뿌려준다.

tip

로메스코 소스 위에 완두콩 대신 흰콩이나 버섯을 볶아 올려도 좋다.

10
min.

고추 튀김

갈리시아 파드론(Padrón) 고추는 얇고 부드러운 게 특징인데, 주로 올리브 오일에 튀겨 소금을 뿌려 먹는다. 파드론 고추는 원산지 표시 보호(DOP) 품종이며 에르본(Herbón) 고추라고도 한다. 갈리시아뿐 아니라 스페인 타파스 바 어디서나 파드론 고추 튀김을 먹을 수 있다. 한국에서는 꽈리고추가 파드론 고추의 식감과 가장 비슷하다. 엑스트라 버진 올리브 오일에 튀긴 꽈리고추에 소금만 살짝 뿌리면 간단하고 맛있는 타파스가 완성된다.

ingredient / 2인분

꽈리고추 100g
엑스트라 버진 올리브 오일 100ml
소금 약간

recipe

1 고추를 깨끗이 씻고 물기를 제거한다.
2 깊은 프라이팬에 올리브 오일을 넣고 중간 불로 열을 올린다. 기름이 뜨거워지면 고추를 넣는다.
3 고추가 골고루 튀겨지도록 규칙적으로 저어주면서 3~4분가량 익힌다.
4 팬에서 고추를 건져낸 후 소금을 뿌리고 뜨거울 때 먹는다.

tip

스페인에서 고추 튀김은 손으로 꼭지 채 잡고 먹는다.

25~30 min.

꿀 가지 튀김

가지의 색다른 매력을 발견하게 하는 타파스로 바삭한 달콤함에 폭 빠진다. 가지는 호불호가 나뉘는 채소인데, 그간 가지를 떠올렸던 흐물흐물함은 꿀 가지 튀김에서 싹 잊힌다. 아랍 색채가 진하게 남아있는 코르도바에서 먹었던 꿀 가지 튀김이 기억에 남는다. 동그랗게 썰어 만들기도 하지만 길쭉길쭉 스틱 모양에 시나몬 가루를 넣으면 추로스 맛이 연상되기도 한다.

ingredient / 2인분

가지 1개
소금 약간
밀가루(코팅용)

[반죽과 튀김]

밀가루 80g
전분 가루 80g
시나몬 가루 2T
우유 100ml
달걀 1개
소금 $\frac{1}{2}$t
엑스트라 버진 올리브
오일 150ml

topping

꿀 2~3T
파슬리 약간

recipe

1 가지는 스틱 모양으로 길쭉하게 자른다. 가지에 소금을 약간 뿌리고 10분가량 두었다가 밀가루를 골고루 묻힌다.
2 달걀은 흰자와 노른자를 분리한다.
3 볼에 밀가루, 시나몬 가루, 전분 가루를 넣고 골고루 섞는다.
4 3에 우유와 노른자를 넣고 거품기로 잘 저어준다.
5 흰자는 따로 거품을 내고 볼에 넣어 잘 섞은 다음 소금을 넣는다.
6 가지를 반죽에 넣고 반죽을 골고루 입힌다.
7 팬에 올리브 오일을 넣고 180도에서 가지를 노릇하게 튀긴다.
8 튀긴 가지 위에 꿀을 얹고 다진 파슬리를 솔솔 뿌린다.

tip

꿀 가지 튀김은 갓 튀겨냈을 때 먹어야 제맛이다.

칼숏과
칼숏타다

칼숏(Calçot)은 파처럼 생긴 양파다. 이를 불에 구운 요리도 칼숏이라 한다. 칼숏타다(Calçotada)란 일 년 중 칼숏을 수확하는 겨울철 1월 마지막 주 일요일에 칼숏을 구워 먹는 축제를 말한다. 김치를 담그는 날을 김장이라 하는데 여기서 김치는 음식이고 김장은 문화를 뜻한다. 칼숏과 칼숏타다도 이와 비슷한 관계다. 칼숏을 구워 먹는 문화적인 축제의 날이 칼숏타다다.

한국에서 칼숏 구이를 칼숏타다라고 잘못 표기하는 경우를 종종 본다. 칼숏이 새까맣게 타는 모습에서 칼숏(이)타다라고 받아들여진 것일까. 문화라는 게 한번 잘못 알려지면 정확하게 다시 알리기가 쉽지 않은 것 같다. 박제된 프린트와 더불어 빠르게 재생산되는 SNS 채

널들이 잘못된 정보들로 넘쳐나 안타까운 마음이다. 칼솟이 아닌 칼솟타다를 먹는다고 하는 건 김치가 아닌 김장을 먹는다고 말하는 것과 같다.

이르면 11월부터 수확하는 칼솟은 카탈루냐에서 열리는 칼솟타다 축제를 전후로 바르셀로나 시내에서 맛볼 수 있다. 이맘때 전통시장에 가면 칼솟을 발견한다. 5월이면 이미 늦었다. 사순절 전후까지 마지막 칼솟을 먹을 기회다. 칼솟은 제철 채소로 딱 이 계절에 맛있게 즐길 수 있다.

바르셀로나 지하철 리세우역에서 나와 조금 걷다 보면 타파스 레스토랑 라플라우타(La Flauta)가 있다. 칼솟이 한창인 2월에 라플라우타에서 칼솟을 먹었다. 칼솟은 메누 델 타파스, 오늘의 타파스에 올려진 메뉴다. 손으로 칼솟을 잡고 겉껍질에 탄 부분을 떼어내 고소한 로메스코 소스를 듬뿍 찍어 먹으면 별미다. 테이블을 둘러보니 저마다 칼솟 한 접시씩 놓여 있다.

우리나라에서도 칼솟을 먹을 수 있다. 경남 함양에서 함양파라는 상품명으로 생산한다. 수확하던 첫해 마트에서 할인 행사를 열었다. 파와 양파 구역 선반 옆에 나란히 놓여 있었는데, 생소한 채소에다 가격도 파나 양파보다 비싸서 마트에서 조용히 자리를 지키고 있었다. 코로나가 일어났던 그해 동네 마트에서 칼솟을 발견하니 참으로 반가웠다. 스페인 일정이 취소되었지만 칼솟으로나마 내 마음을 달랠 수 있을 것 같았다. 가격도 대폭 할인했다. 냉큼 집어 계산대로 향했

다. 칼숏 하나에 이렇게 기분이 좋아지다니 어찌 보면 참 단순하다.

칼숏은 야외 숯불에 구워 먹어야 제맛이지만 집에서도 즐길 수 있다. 오븐이나 가스레인지가 있다면 가능하다. 가스레인지 위에 구우려면 칼숏을 넣어 양면으로 굽는 석쇠가 필요하다. 오븐도 석쇠 위에 칼숏을 올려 구우면 된다.

스페인 칼숏은 겨울에 수확하는데 함양파는 봄철 4월경에 나온다. 스페인 칼숏에 비해 함양파의 구근이 보다 통통하다. 겉모습은 파처럼 보이지만 불에 익히면 양파와 같은 속성을 보인다. 파보다 섬유질이 없고 부드럽다.

봄날 캠핑을 한다면 칼숏을 구워 먹는 게 어떨까. 칼숏은 캠핑의 시작이다. 스페인 칼숏타다에서 칼숏을 구워 먹고 본식으로 양갈비구이를 해 먹듯이 말이다. 유라시아 서쪽 이베리아반도에서 동쪽 끝 한반도까지 칼숏으로 이렇게 이어진다.

40 min.

칼숏과 로메스코 소스

칼숏은 자라기까지 2년 걸린다. 동그란 양파를 다시 심고 알뿌리에 흙을 덮어주어 뿌리 근처 흰 부분이 파처럼 길쭉하게 쭉 뻗어 자라야 상품 가치가 높다. 2월이면 바르셀로나 타파스 바 메뉴에 칼숏구이가 등장한다. 겉껍질에 탄 부분을 떼어내고 손으로 집어 로메스코 소스를 듬뿍 찍어 먹으면 별미다. 로메스코 소스에 어떤 채소를 찍어 먹어도 좋다. 해산물과 고기에도 잘 어울린다.

ingredient / 2인분

칼숏(함양파) 줄기 10개

[로메스코 소스] 500ml

완숙 토마토 6개
알이 꽉 찬 통마늘 1개
홍피망 $\frac{1}{2}$개
슬라이스한 빵 1조각(30g)
아몬드 80g
셰리 식초나 화이트 와인 식초 1T
엑스트라 버진 올리브오일 100ml + 2T(채소 코팅용)
피멘톤 1t
소금 $\frac{1}{2}$t

tip

로메스코 소스는 냉장고에 일주일 보관 가능하다.

recipe

1 180도로 예열한 오븐에 열십자 모양으로 칼집을 낸 토마토에 올리브 오일을 바르고 홍피망, 통마늘과 함께 30분 굽는다. 식으면 토마토와 마늘의 껍질을 벗긴다.

2 아몬드는 뜨거운 물에 1분 데쳐 껍질을 벗기고 올리브 오일 1T를 두른 팬에 1분 볶은 후 따로 둔다. 팬에 오일을 1T 추가하고 빵 양면을 모두 30초씩 노릇하게 굽는다.

3 구운 토마토, 홍피망, 마늘, 빵, 아몬드, 식초, 피멘톤, 올리브 오일을 블렌더로 갈아준다. 되직한 상태의 소스가 되면 소금을 넣어 로메스코 소스를 완성한다.

4 오븐을 230도로 예열한다. 칼숏을 깨끗이 씻고 겉껍질을 벗기고 뿌리를 자르고 오븐 렉 위에 올린다.

5 230도에서 칼숏 표면이 노릇하게 될 때까지 15분가량 굽는다. 칼숏에서 즙이 나오므로 렉 아래는 베이킹 트레이를 놓는다. 칼숏을 뒤집어 반대 면을 7~10분 더 구워 로메스코 소스에 푹 찍어 먹는다.

30 min.

피스토 만체고

라만차의 농부들이 채소밭에서 기른 농산물로 만들어온 소박한 요리다. 신대륙에서 토마토와 고추가 들어오기 전에도 만들었지만, 토마토와 고추가 없는 피스토 만체고는 상상할 수 없다. 라만차 버전으로 그대로 먹어도 좋고 빵에 올리면 몬타디토스(Montaditos), 밥 위에 얹어 먹으면 한 그릇 밥이 된다. 스페인에서는 달걀 프라이를 함께 먹거나 고기에 곁들이는 반찬으로 먹는다. 채소 스튜 피스토 만체고에서 라만차의 풍경이 느껴진다.

ingredient / 2인분

양파 $\frac{1}{2}$개
청피망 $\frac{1}{2}$개
홍피망 $\frac{1}{2}$개
주키니호박(애호박) $\frac{1}{2}$개
가지 $\frac{1}{2}$개
토마토 2개
마늘 2쪽
메추리알 2개
엑스트라 버진 올리브 오일 3T
월계수 잎 1장
설탕 $\frac{1}{2}$t
소금 약간
후추 약간

recipe

1 채소는 깨끗이 씻고 마늘은 다진다. 토마토는 블렌더로 갈고 청피망, 홍피망은 씨를 제거하고 다진다. 나머지 채소도 모두 다진다. 가지는 약간의 소금을 뿌려 따로 그릇에 담아 쓴맛을 풀어준다.

2 프라이팬에 올리브 오일을 두르고 마늘을 넣고 2분 볶다가 양파와 월계수 잎을 넣고 5분, 피망을 넣고 3분 볶다가 소금과 후추로 간을 한다. 주키니호박을 넣고 3분 볶은 후 물기를 뺀 가지를 팬에 넣고 3분 볶는다.

3 간 토마토와 설탕을 넣고 팬 바닥에 들러붙지 않도록 저어준다. 토마토 퓨레가 진한 빨강이 될 때까지 10분가량 볶는다.

4 불을 끄고 소금과 후추로 간을 한다.

5 메추리알 프라이를 한 후 피스토 위에 올린다.

tip

피스토에 빵과 함께 삶은 달걀이나 초리소 슬라이스를 곁들여도 좋다.

25~30 min.

셰리 소스와 양송이 덮밥

셰리는 강화 와인으로 화이트 와인에 알코올 도수를 높여 오래된 오크통에서 숙성 과정을 거치는 와인을 말한다. 드라이한 셰리로는 숙성 방식에 따라 피노(Fino), 올로로소(Oloroso), 아몬티야도(Amontillado)가 있다. 버섯 요리는 물론 소고기나 돼지고기 안심에 셰리 소스를 곁들이기도 한다.

ingredient / 2인분

쌀밥 180g(약 1공기)
레몬($\frac{1}{2}$개) 즙
양송이 180g
버터 3T
엑스트라 버진 올리브 오일 3T
밀가루 1$\frac{1}{2}$T
드라이한 셰리 와인 60ml
물 100ml
소금 약간
후추 약간

tip

접시에 밥을 담기 전에 접시를 미리 따뜻한 온도로 데워두면 좋다.

recipe

1. 밥을 지어 준비한다.
2. 볼에 양송이 씻을 물을 담고 레몬 $\frac{1}{2}$개 즙의 반을 넣는다.
3. 양송이를 레몬물에 넣어 깨끗이 한 다음 물기를 제거하고 줄기와 머리 부분을 잘게 썬다.
4. 프라이팬에 버터 2T를 넣고 약한 불에서 서서히 녹인 후 양송이와 나머지 레몬즙을 넣고 4~6분가량 볶는다.
5. 다른 소스팬에 버터 1T를 녹인 후 올리브 오일 1T를 넣는다. 밀가루를 조금씩 넣어주고 셰리 와인과 물을 넣는다. 셰리 소스가 걸쭉해지면 소금과 후추로 간을 하고 볶은 양송이를 넣고 불을 서서히 줄인 후 5분가량 조리한다.
6. 커다란 팬을 센불에 두고 올리브 오일 2T를 넣는다. 여기에 밥을 넣고 소금으로 간을 하고 골고루 저으면서 밥에 오일을 코팅한다.
7. 접시에 밥을 담고 그 위에 양송이를 얹는다.

언제 어디서나 감자

스페인 시장이나 슈퍼마켓에 가면 품종별 다양한 감자가 진열대에 놓여 있다. 튀김에 좋은 감자, 스튜에 넣는 감자, 샐러드로 먹는 감자 등 요리에 알맞게 감자를 고를 수 있다. 감자는 밀가루, 쌀, 옥수수에 이어 세계에서 네 번째로 소비하는 작물이다.

스페인에서는 150여 종의 감자를 재배한다. 통계자료에 따르면, 스페인에서 1인당 연간 26kg의 감자를 소비한다는데 각 지역에 따라 감자요리도 다양하다. 스페인에서 감자는 주식은 아니지만, 두루두루 애용하는 대표적인 식재료다.

대항해시대 이후 스페인 정복자들은 페루에서 감자를 발견했다.

정복자 피사로 군대의 일원이었던 페드로 데 시에사는 1533년 일지에 인디오들이 파파(감자)라는 식물을 주식으로 먹는다는 내용을 기록했다. 그는 삶은 감자를 먹어보고 밤같이 부드럽고 맛있다고 했지만, 스페인 식탁에 오르기까지는 꽤 오랜 시간이 걸렸다.

스페인에서 잉카의 유산인 감자가 처음으로 심어진 지역은 세비야다. 대략 1573~1575년으로 추정하는데, 이 당시 감자는 새하얀 꽃을 피우는 관상용 식물로 존재했다. 정원에서 널리 인정받는 아름다운 꽃을 위해 기르고 수확했다. 그보다 이전인 1567년에 그란 카나리아에서 벨기에 항구도시 앤트워프로 감자를 수출했다는 기록이 있지만, 식용은 아니었다.

7개의 주요 섬으로 이뤄진 카나리아 제도는 콜럼버스가 아메리카 대륙으로 향하던 관문이었다. 카나리아 제도에서는 17세기부터 감자를 재배했다. 이곳 감자는 잉카에서 들여온 감자 품종 그대로 생산한다. 알이 작고 전분이 많은 감자가 주를 이룬다. 마드리드에서 비행기로 2시간가량 걸리는 카나리아 제도는 북아프리카에 가깝다. 무역풍이 불고 아열대 기후에 속한다. 겉모습은 황량해 보이나 화산질로 땅이 비옥하다.

카나리아 제도에서는 일 년에 세 번 감자 농사를 짓는다. 섬마다 토양 조건에 맞게 다양한 품종의 감자를 재배한다. 겨울이 끝나갈 무렵 중부 유럽에서 여전히 이전 시즌의 작물을 먹을 때, 카나리아 제도는 햇감자를 도매 시장에 공급한다.

파파스 아루가다스(Papas arrugadas)는 소금으로 뒤덮인 주름진 감자로 고기와 생선 요리와 함께 먹는 카나리아 요리다. 이 요리에 적합한 품종은 테레니페섬의 크기가 매우 작은 파파 네그라(Papa Negra)와 그란 카나리아섬의 보니타(Bonita) 품종이다. 파파 네그라는 어두운 보랏빛을 띠는 감자다. 알이 작고 전분이 많다.

카나리아 제도의 요리는 소박하면서 강한 맛이 공존한다. 담백한 감자에는 향신료 맛이 강하게 나는 모호 소스를 곁들인다. 올리브 오일과 식초, 생마늘을 기본으로 한 모호 소스는 빨강과 초록 두 종류다. 모호 피콘(Mojo picón)은 순한맛 고추와 매운맛 고추로 만드는 빨강 소스다. 초록색 모호 소스는 재료에 따라 두 종류다. 파슬리를 넣은 모호 베르데(verde)와 신선한 고수잎을 넣은 모호 데 실란트로(Mojo de cilantro)가 있는데, 고수를 넣는 전통 방식을 좋아한다.

카나리아 제도 감자 요리 파파스 아루가다스

카탈루냐 해산물 감자 스튜 수케트

안달루시아 돼지 고기와 감자 요리

갈리시아 지역에도 16세기에 감자가 알려졌고 수도원 과수원에 감자를 심었다. 갈리시아 루고 지방에 감자 재배가 일반화되기 시작한 건 18세기부터다. 파타카 데 갈리시아(Pataca de Galicia)는 지리적 표시 보호(PGI)를 받는 감자다. 케네벡 품종으로 전분이 많으며 끓여서 조리하기 좋다.

우리나라 무청과 비슷한 그렐로스로 만드는, 마치 시래깃국 같은 칼도 가예고(Caldo gallego)에는 전분이 많은 감자가 들어간다. 순례길을 걷다가 마주친 스페인 전통 가옥이 인상적이었던 오 세브레이로 마을의 한 소박한 식당에서 먹었던 칼도 가예고는 몸을 따뜻하게 해줬다. 갈리시아 대표 타파스 중 하나인 풀포 아 페이라에도 삶은 감자를 곁들인다.

갈리시아 해안 지역 리아스 바이사스와 코스타 데 모르테에서 소금물에 껍질째 조리한 감자를 카첼로(Cachelo)라고 한다. 갈리시아에서도 지역에 따라 카첼로의 의미가 조금씩 다르다. 갈리시아어로 조각으로 조리된 감자라는 뜻을 지닌 카첼로는 갈리시아 내륙에서 껍질을 벗겨 소금물에 삶은 감자 조각을 말한다. 전통적으로 카첼로는 튀긴 생선이나 조리된 생선과 함께 반으로 잘라 먹는다.

스페인에서 감자의 여왕이라고 불리는 파타타 모나리사(Patata Monalisa)는 기름을 잘 흡수하지 않아 튀김 요리에 적합하다. 이는 바스크 지역에서 주로 재배하는 품종이다. 바스크 알라바 주 세넨 곤살레스 셰프는 토르티야 데 파타타스로 대회에서 우승했는데, 그는 모나리사 품종을 사용했다. 마드리드에서 부유한 동네 살라만카 구역에 있는 시장 메르카도 데 라 파스(Mercado de la paz)에 가면 카사 다니(Casa Dani)에 꼭 들른다. 크리미한 감자 오믈렛 한 접시는 언제나 후회 없는 선택이다.

리오하 와이너리 근처 식당에서 맛본 넓적한 감자에 엑스트라 버진 올리브 오일과 파슬리로 신선함과 정성이 느껴진 가난한 사람의 감자요리라는 파타타스 아 로 포브레(Patatas a lo pobre)는 소박하고도 빛나는 요리였다. 브라소 데 히타노 데 파타타(Brazo de gitano de patata)는 롤케이크처럼 빵 대신 감자로 김밥을 말 듯이 가운데 속재료를 넣고 돌돌 말아 만드는데, 파티 요리로도 손색이 없다. 카탈루냐 해산물 스튜 수케트(Suquet)에는 전분 함량이 높은 감자를 넣어 국물이 걸쭉하고 감자에 국물 맛이 진하게 난다.

가난한 사람의 음식 감자가 귀족의 식탁에 오르고 대중화되기까지 오랜 세월이 흘렀다. 감자는 자신의 고유성을 잃지 않으면서도 언제 어디서나 새로운 맛을 받아들여 변신한다. 타파스의 매력을 더하는 재료로 스페인 식탁에서 감자는 빠질 수 없다.

30~40
min.

파타타스 브라바스

감자튀김에 매콤한 브라바 소스를 얹어 나오는 타파스로, 브라바(Brava)는 '맹렬한', '용감한'을 의미한다. 바스크 빌바오 시내에 있는 타파스 바 라 비냐 델 엔산체(La Viña del Ensanche)는 마일드한 맛의 찍먹 브라바 소스가, 바르셀로나는 진한 토마토 맛의 브라바 소스가 특징이다. 감자튀김에 브라바 소스라는 단순한 조합으로 마드리드 시내에서 약간 떨어져 있는 타파스 바 도카마르(Docamar)는 언제나 사람들이 가득하다.

ingredient / 2인분

큼직한 감자 2개
엑스트라 버진 올리브 오일 350ml

[브라바 소스]

피멘톤 둘세(단맛의 훈제 고춧가루) 2t
피멘톤 피칸테(매운맛 훈제 고춧가루) 1t
엑스트라 버진 올리브 오일 2T
밀가루 1T
시판 비프 스톡 125ml
화이트 와인 식초1T
소금 약간
백후추 약간

tip

감자를 튀긴 즉시 브라바 소스와 먹어야 더 맛있다. 취향에 따라 알리올리를 곁들이기도 한다.

recipe

1 소스팬에 올리브 오일을 넣고 중불에서 가열한다. 즉시 불을 끄고 피멘톤 둘세, 피멘톤 피칸테, 밀가루를 넣고 잘 섞는다.

2 다시 불을 올리고 비프 스톡을 천천히 부어주며 소스 형태가 될 때까지 계속 젓는다.

3 소금과 백후추로 간을 하고 식초를 넣고 잘 섞어 브라바 소스를 완성한다.

4 감자는 씻어 한입 크기로 자른다.

5 튀김 냄비에 올리브 오일을 넣고 불을 올린다. 오일이 뜨거워지기 전에 차가울 때 감자를 넣고 중간불에서 15분가량 서서히 감자를 익힌다. 감자가 부드러워지면(포크로 찔러서 확인) 감자를 꺼내어 따로 둔다.

6 튀긴 감자 위에 브라바 소스를 얹고 소금으로 간을 하고 뜨거울 때 먹는다.

여름날의 화이트 아스파라거스

바스크에서 나바라(Navarra)를 지나 라 리오하로 차를 몰고 오면서 여러 풍경을 마주했다. 언덕에서 양 떼도 만나고 커다란 풍력발전기 날개가 힘차게 돌아가고 있었다. 에브로강 주변은 포도밭뿐 아니라 채소 생산지이기도 하다. 평평한 땅 위에 검은 비닐과 같은 정체를 알 수 없는 두꺼운 덮개가 덮여 있는 모습을 보고 '그 아래 무엇이 자라고 있을까' 하는 의문을 품으며 리오하 알타에 있는 친구네 와이너리 보데가 비녜도스 데 알파로에 도착했다.

"오는 길에 검은 비닐 봤지?"

"그거 뭐야? 안 그래도 궁금했는데."

당당함과 여유로움이 느껴지는 아나가 설명을 이어갔다.

"리오하는 와인도 유명하지만 에스파라고스(Espárragos) 생산지이기도 해. 검은 비닐 아래에는 화이트 아스파라거스가 자라고 있어. 보통 4월에서 6월에 수확하지."

포도와 마찬가지로 에브로강 주변에서 꽤 혹독한 겨울을 지낸 아스파라거스는 수분 가득 촉촉하고 부드러운 화이트 아스파라거스로 자란다. 물이 잘 빠지는 토양에 심은 아스파라거스는 굵기가 굵을수록 상품 가치가 높다.

검은 비닐을 걷은 밭에 화이트 아스파라거스가 고개를 빼꼼히 내밀고 있다. 꽃삽으로 그 주변을 푹 하고 집어넣고 한 손으로 아스파라거스 줄기를 잡아당기면 흙에서 쏙 하고 쉽게 빠진다. 수확은 새벽부터 작업을 시작해서 오전 11시 전후에 마친다.

화이트 아스파라거스는 굵기별로 분류해 판매한다. 화이트 아스파라거스는 줄기 전체 혹은 줄기 머리 부분과 줄기 가운데 부분을 따로 모아서 통조림을 만든다. 화이트 아스파라거스 대부분은 통조림으로 생산한다.

아스파라거스는 대략 18세기부터 스페인 요리에 고급채소로 활용되었다. 화이트 아스파라거스 통조림 중에 지리적 표시 보호(PGI)를 받은 나바라에서 생산한 제품이 가장 유명하다. 나바라를 비롯해 라 리오하, 아라곤, 에브로강 주변 분지에서 화이트 아스파라거스를 생산한다.

페란 아드리아는 카스티야 이 레온 지역 바야돌리드에서 재배하

는 화이트 아스파라거스를 엘불리 메뉴에 사용했다. 레온 지역 와이너리에서 마케팅을 담당하는 카를로타는 와인 설명에 이어 페란 아드리아가 애용했던 화이트 아스파라거스를 자랑스럽게 말했다.

안달루시아 그라나다는 스페인에서 아스파라거스를 생산하는 또 다른 지역이다. 그라나다 우에토르 타하르(Huétor Tajar)의 아스파라거스는 원산지 표시 보호 인증(PDO)을 받았으며, 주로 자줏빛을 띤 녹색 품종으로 야생 아스파라거스와 매우 비슷하다.

스페인 타파스 바에서 화이트 아스파라거스를 먹은 기억을 떠올리니 주로 여름이다. 접시에 차갑게 나오는 화이트 아스파라거스에 마요네즈를 찍어 먹기도 하고 로메스코 소스랑 같이 먹기도 한다.

마드리드에서는 웬만한 레스토랑에서 화이트 아스파라거스가 메뉴에 있다. 마드리드 시내에 있는 타파스 바 루시오와 아스투리아스 요리 전문점 카사 오르텐시아에서 먹었던 화이트 아스파라거스가 생각난다.

요즘 한국에서도 화이트 아스파라거스를 판매하기도 하지만, 가격이 꽤 부담스럽다. 봄날 촉촉하고 부드러운 화이트 아스파라거스를 시작으로 타파스 바 여행을 하고 싶다.

EL SALVADOR

오래오래
오렌지 향

"오렌지꽃 향 오일이에요."

세비야 대성당 근처 가게에서 마음에 드는 그릇이 하나 있어 계산대로 향하던 중 눈에 들어오는 그릇이 자꾸 늘어났다. 같은 또래 아이를 키우는 워킹맘인 점원과 이야기하다 주제가 요리로 넘어갔다. 그녀가 "잠시만요" 하더니 창고에서 상자를 들고 와 오렌지꽃 향이 나는 오일을 내밀며 향을 맡아 보라고 건넸다.

"스폰지 케이크 비스코초(Vizcocho) 만들 때 오렌지꽃 향 오일을 넣어봐요."

은은한 오렌지꽃 향에 이끌려 생각지 않던 오일도 한 병 사고 나왔다.

안달루시아는 오렌지 향이 난다. 거리마다 오렌지 나무가 탐스럽다. 세비야 대성당 마당에도 코르도바 메스키타 대성당에도 오렌지 나무가 심겨 있다. 발렌시아나 스페인 다른 지역에서도 가로수로 오렌지 나무가 있지만, 유독 세비야와 코르도바의 오렌지 나무가 기억에 남는다. 아이들은 세비야 알카사르 궁전 입구 마당에 떨어진 오렌지를 흙이랑 반죽해 소꿉놀이했다.

스페인을 정복했던 이슬람 세력 무어인들은 주스를 조미료로 사용했다. 이들은 이베리아반도에 레몬과 라임 나무를 심었고, 쓴맛이 나는 오렌지는 꽃향기와 요리를 위해, 겨울에도 거리를 장식하기 위해 가로수로 심었다. 쓴 오렌지 나무는 일 년 내내 안달루시아 거리는 물론 중요한 이슬람 건물의 안뜰을 장식했다.

알 안달루스(Al-Andalus) 시대에 심은 광둥 오렌지라고도 알려진 쓴 오렌지는 인도 서부, 중국, 미얀마에서 메소포타미아에 도달하여 로마와 접촉했고, 나중에 지중해에서 아랍이 확장한 것으로 본다. 페르시아와 메소포타미아의 쓴 오렌지는 시리아를 거쳐 이슬람 시대에 스페인에 도달했다. 여전히 거리에 생기를 불어넣는 꽃향기와 선명한 색상의 열매 오렌지는 주스는 물론 껍질까지 오늘날 안달루시아의 부엌에서 사용한다.

쓴맛 오렌지는 개의 국물이라는 이름을 가진 생선 수프 칼디요 데 페로(Caldillo de perro)에 사용한다. 프랑스 유명 셰프 알랭 뒤카스는 그의 스페인어 요리책에 이 요리를 안달루시아 카디스 지역 레시피라고 소개했다.

수 세기 동안 살아남은 이 요리법은 예전만큼은 아니지만, 간간이 그 명맥을 이어오고 있다. 요리는 그리 복잡하지 않다. 팬에 올리브 오일을 넣고 다진 양파와 마늘을 부드럽게 볶는다. 여기에 물을 충분히 붓고 약간의 소금으로 간을 하고 끓인다. 그런 다음 대구살 조각을 넣고 부드러워질 때까지 조리하고 마지막으로 쓴 오렌지 주스를 붓는다. 이는 국물과 생선에 매우 독특한 풍미를 준다.

쓴 오렌지를 곁들인 또 다른 요리로 가오리 스튜인 라야 아 라 나란하 아마르가(Raya a la naranja amarga)도 있다. 마찬가지로 카디스 요리다.

아랍인들은 달콤한 품종의 오렌지를 재배했을 뿐 아니라 멜론과 바나나, 무화과, 대추야자, 석류를 심었다. 이 과일은 15세기에 가톨릭 여왕 이사벨라가 그녀의 권력 상징으로 채택한 과일이었다.

쓴 오렌지는 스페인에서 이슬람의 역사적 존재에 대한 살아있는 순수한 기록이다. 코르도바의 메스키타처럼 이슬람 모스크를 그리스도교인에 의해 성당으로 바꾸면서 처음 모습을 잃거나, 중세에 완전히 파괴된 것과는 달리 이 장식용 나무는 알 안달루스 시대 이후에도 뿌리째 뽑히지 않고 오래도록 그 향을 내뿜으며 탐스러움을 유지한다.

2

고기

CARNES

국토 회복 운동 레콘키스타로 이베리아반도에서 이슬람 세력을 물리친 이후 가톨릭 국가로 통일한 에스파냐에서 인기를 얻은 상징적인 동물은 돼지였다. 돼지로는 돼지기름 라드, 각종 소시지와 생햄 하몬을 만들었다. 이슬람과 유대인이 먹는 어린 양과 양고기는 그 당시 남부 메뉴에서 사라졌지만, 목동이 많은 고지대는 계속해서 즐겨 먹었다. 고기 중에서 가장 호평하는 건 소고기였다. 소작농은 축제나 축하 행사에서만 닭고기를 먹었다. 소, 염소, 양은 200가지가 넘는 다양하고 맛있는 치즈의 원천이었고 지금까지 이어지고 있다.

ALTOS DE
IBERIA
1898
Trivium

하몬과
엠부티도

스페인 미식에서 빠질 수 없는 하몬(Jamón). 어디서든 돼지 뒷다리를 소금에 절여 만든 생햄 하몬만 있어도 파티 분위기를 낼 수 있다. 초여름 세고비아에 있는 몬테네바도(Monte nevado) 하몬 공장을 방문했다. 하몬 세미나도 듣고 카빙 수업도 들었지만, 백문이 불여일견이라 했던가. 생산 현장에서 하몬 맛에 숨겨진 비결을 엿볼 수 있었다.

스페인에서 하몬은 크게 백돼지로 만든 세라노 하몬과 흑돼지로 만든 이베리코 하몬으로 나뉜다. 몬테 네바도에서는 두 종류 모두 생산한다. 지방이 많을수록 하몬 건조 기간도 길어지는데, 풍부한 지방을 지닌 하몬 이베리코 데 베요타(Ibérico de bellota)를 만들기까지 3~4년이 걸린다. 베요타는 도토리를 뜻한다. 일정 기간 자연 목초장

데에사(Dehesa)에서 자유롭게 뛰어놀며 도토리를 먹인 순종 이베리코로 만든 하몬을 으뜸으로 여긴다. 하몬 이베리코 베요타는 스페인에서도 서남부 지역에서만 생산한다. 여기에 도토리가 열리는 참나무 숲이 분포되어 있기 때문이다.

하몬 이베리코는 자연 바람을 이용해 천천히 오랜 건조 과정을 거치면서 맛과 향은 더욱 깊어진다. 잘 숙성된 깊은 풍미가 느껴지는 하몬 이베리코는 불포화 지방 함량이 높기에 입에 넣으면 사르르 녹는다. 새까만 발톱 파타 네그라(Pata negra)는 하몬 이베리코의 상징이다.

한국에서 김치 맛이 서로 다르듯 제조사마다 하몬 맛도 다르다. 백돼지로 만드는 하몬 세라노는 자연 바람이 아닌 인공 건조실을 거치는데, 12개월 이상 숙성하면 세라노 중에서 고품질 하몬으로 불리며 등급을 따로 나뉘지 않는다. 숙성 기간은 12, 14, 16, 18개월을 두는데 품질의 차이는 없다. 드라이한 와인은 미각을 촘촘히 해서 하몬 본연의 맛을 느끼게 한다.

스페인에서 돼지는 버릴 게 없다. 뒷다리는 하몬으로 내장과 고기는 소시지로 만든다. 이러한 소시지를 엠부티도(Embutido)라 한다. 훈제한 빨간 고춧가루 피멘톤을 넣는 초리소, 치스토라, 소브라사다(Sobrasada), 보티요(Botillo)와 등심으로 만드는 로모(Lomo)가 있고 푸엣(Fuet), 살치촌(Salchichón), 피순대 부티파라(Butifarra)와 모르시야 등 지역마다 그 종류도 무척 다양하다.

CECINA de GANADO de LÍDIA
Palazuelo
CECINA de CABALLO
Palazuelo
13.15€

이른 새벽에 출발해 산티아고 순례길 철의 십자가 크루스 데 페로(Cruz de ferro)에 다다를 무렵이었다. 날씨도 흐리고 안개가 자욱해 길 건너편은 잘 보이지 않았다. 바람도 불고 손이 시렸다. 비가 슬슬 내리기 시작했다. 높다란 철의 십자가에 도착하자 순례자들이 각자 준비해 온 돌멩이를 땅에 내려놓았다.

돌에는 저마다 사연이 있다. 자신의 소원과 희망, 기도, 염원, 사랑을 담았다. 그곳에서 처음 만난 순례자의 가슴 아픈 이야기를 들으면 나도 모르게 눈물이 났다. 돌뿐만 아니라 마음과 마음이 모여 서로가 통하는, 위로하고 위로받는 그런 곳이었다. 묵직한 마음을 내려놓고 다시 길을 떠났다. 몰리나세카(Molinaseca)에 도착하자 구름이 걷히고 해가 쨍했다. 걸었으니 먹을 시간. 볕이 좋은 야외 테이블이 있는 식당에서 보티요와 소고기 육포 세시나(Cecina)를 주문했다.

"킁킁."

갑자기 그 소리에 웃음이 터져 나왔다. 옆 테이블에 앉아 있던 말라가에서 지휘자로 활동하는 이사벨 마르틴 씨가 보티요가 등장하자 낸 소리다. 안달루시아에서 은퇴한 의사 할아버지 그룹과 함께 온 이사벨 씨는 재치 만점 유쾌했다.

"같이 드세요."

혼자 먹기엔 부담스러운 양이었다. 보티요와 세시나에 레드 와인을 따르고 서로의 눈을 바라보며 잔을 부딪치며 "친친(Chin chin)!" 건배했다. 주로 갈빗살과 꼬릿살로 만드는 보티요는 내장에 고기 조각과 피멘톤, 마늘, 소금 등을 넣고 반건조 훈제한다. 접시에 내기 전에는 스팀으로 찐다.

세시나는 주로 소고기를 소금에 절여 건조하여 오래 보존하는 육포다. 부르고스에는 말고기 세시나도 있다. 소고기를 말려 먹던 풍습은 오래되었다. 이러한 증거는 스페인 중부의 고대 켈트족 정착지 발굴에서 나왔다. 로마인들이 이베리아반도에 도착했을 때 소고기를 포함한 육류 숙성 문화를 발견했다.

《돈키호테》에서 유명한 대식가 산초 판사는 염소, 소, 베이컨, 매달린 소고기, 순무, 양파 식단을 자랑한다. 레온의 세시나는 프리미엄 육포다. 스페인 북서부 인근의 레온은 덥고 건조한 여름과 추운 겨울에 산과 계곡, 건조한 고원이 있어 고기를 숙성하기에 좋은 환경이다.

하몬 이베리코를 생산하는 안달루시아에서 온 이들과 마주 앉은 테이블에서 하몬이 맛있는지 소고기 세시나가 맛있는지는 결론 없이 무승부로 끝났다.

10 min.

멜론 콘 하몬 핀초스

핀초(Pintxo)는 바스크어로 '뾰족한 막대로 찌르다'는 뜻이다. 꼬치로 고정해 만든 요리가 핀초다. 큰 범주에서 보면 타파스 안에 핀초스가 속한다. 멜론 콘 하몬 핀초스는 하몬 하면 가장 기본적으로 떠오르는 핀초스 중 하나다. 하몬의 짠맛이 수분 가득 촉촉한 멜론과 만나 조화를 이룬다. 멜론의 단맛과 하몬의 짠맛이 서로 어우러지며 부담 없이 자꾸만 손이 가는 요리다. 재료도 간단하고 한 입 쏙 먹기 좋다.

ingredient / 2인분

얇게 썬 하몬 이베리코 6~9장
멜론 1개

[부재료]
꼬치 스틱

recipe

1 하몬 이베리코를 3×7cm 크기 정도로 나누어 자른다.
2 멜론은 씨를 제거하고 멜론 과육을 동그랗게 떠내는 스푼을 이용하여 12~18알 정도 만든다.
3 동그란 멜론을 하몬으로 감싸고 꼬치로 고정한다.

tip

과일을 동그랗게 만드는 화채용 스푼이 없는 경우 멜론을 4×4㎝ 크기로 잘라도 좋다.

10 min.

하몬 치즈 핀초스

예부터 바스크 어부들은 용감했다. 고래를 잡으러 캐나다 동쪽 끝 뉴펀들랜드까지 다녀왔고 대항해시대에 선원으로 자원해서 배에 탄 이들도 바스크 사람이 많았다. 마치 대항해시대 활약한 배를 연상하게 하는 범선 모양의 핀초스다. 하나하나 시간과 정성이 들어간 하몬, 선드라이드 토마토, 치즈로 만드는 핀초스로 단순한 듯 보이지만 그 맛은 단순하지 않다.

ingredient / 2인분

하몬 세라노 4장
바게트 4조각
선드라이드 토마토 50g
염소 치즈 4조각

[부재료]
꼬치 스틱

recipe

1 빵을 토스트한다.
2 토스트한 빵 위에 선드라이드 토마토를 올린다.
3 치즈를 차례로 올린다.
4 꼬치에 하몬을 꽂아 빵에 고정한다.

tip

선드라이드 토마토가 없다면 빵 위에 토마토 즙을 발라도 좋다. 염소 치즈 대신 구하기 쉬운 모차렐라로 대체해도 괜찮다.

선드라이드 토마토

토마토 500g, 소금 2t, 마늘 4쪽, 로즈메리 1줄기, 월계수 잎 3장, 엑스트라 버진 올리브 오일 적당량

토마토를 적당한 크기로 잘라 소금을 뿌린 후 30분 둔다. 100도로 예열한 오븐에 종이호일을 깔고 토마토의 잘린 면이 위로 오게 놓는다. 2시간 구운 후 건조 상태를 확인하고 최대 2시간 더 굽는다.
열탕 소독한 유리병에 식힌 토마토, 깐 마늘, 로즈메리, 월계수 잎을 넣고 올리브 오일을 채워 뚜껑을 닫아 냉장고에 보관한다.

20~25 min.

알리올리와 구운 모르시야

스페인은 순대를 즐겨 먹는다. 자작한 국물 요리와 순대, 철판에 구워 먹는 순대 볶음도 있고 구운 순대를 핀초처럼 꼬치로 고정해서 먹기도 한다. 피순대도 지역마다 다양한 버전이 있다. 카탈루냐 피순대 부티파라 네그라(Butifarra negra)는 고기를 채워 만들고, 레온 지역 부르고스의 모르시야(Morcilla)는 쌀과 양파로 만든다. 향신료 맛이 강한 스페인 순대는 맥주나 와인과 곁들이기 좋다.

ingredient / 2인분

모르시야 200g
꽈리고추 4개
바게트 4조각
알리올리 4T
엑스트라 버진 올리브 오일 4T
소금 약간

[부재료]

꼬치 스틱

tip

스페인 순대 모르시야 대신 국내산 순대를 사용해도 좋다.

recipe

1 팬에 올리브 오일을 두르고 꽈리고추를 튀기듯 굽는다. 이때 소금을 약간 넣는다.
2 구운 꽈리고추는 팬에서 꺼내어 따로 둔다.
3 바게트의 양쪽 면을 노릇하게 굽고 팬에서 꺼내 접시에 담는다.
4 손가락 길이만큼 자른 모르시야를 굽는다.
5 빵 위에 알리올리를 바르고 모르시야, 고추 순으로 꼬치로 고정한다.

알리올리(약 200ml)

달걀 1개, 마늘 1쪽, 레몬($\frac{1}{2}$개) 즙 또는 와인 식초 1t, 엑스트라 버진 올리브 오일 150ml, 소금 약간

볼에 달걀과 올리브 오일 2T, 마늘, 레몬즙이나 와인 식초를 넣는다. 핸드 블렌더로 마늘을 퓨레 상태로 만들고 올리브 오일을 조금씩 추가하면서 크리미한 알리올리를 만든다. 소금 간을 한다.

20
min.

와인에 빠진 치스토라

빨갛고 가느다란 소시지 치스토라는 스페인 북부 바스크 인근 나바라에서 기원했는데, 어원은 바스크어 치스토라(Txistorra)에서 왔다. 돼지고기와 돼지비계에 훈제한 고춧가루 피멘톤과 마늘, 소금을 섞어 만든 소시지다. 얼핏 보기엔 새빨간 초리소와 비슷한데, 초리소보다 고기의 밀도가 더 높다. 먹다 남은 와인으로 치스토라 알 비노 틴토를 만들면 어느새 새로운 와인을 열게 될지도 모른다.

ingredient / 2인분

치스토라 150g
바게트 4조각
레드 와인 150ml
설탕 $\frac{1}{2}$t
엑스트라 버진 올리브 오일 2T
소금 약간
후추 약간

[부재료]

꼬치 스틱

recipe

1 소스 팬에 와인을 붓고 소스 형태가 될 때까지 반 정도 졸인다. 설탕, 소금, 후추를 넣고 잘 저어주다가 불을 끈다.
2 치스토라는 손가락 길이 정도 크기로 적당히 자르고 팬에 올리브 오일 1T를 두르고 노릇하게 굽는다.
3 팬에 올리브 오일 1T를 넣고 바게트를 굽는다.
4 와인 소스에 치스토라가 폭 잠기게 넣고 소스가 배어나게 5분간 둔다.
5 바게트 위에 치스토라를 올리고 꼬치로 고정한다.

tip

치스토라 대신 초리소로 만들 수도 있다.

행복한 오후의 한때, 아스투리아스 카브랄레스 치즈

"무지개를 보면 행운이 찾아온대요."

동화에서나 볼 법한 아름다운 풍경에 눈으로 채 담을 수 없음을 아쉬워하며 차창 밖을 바라보았다. 레온과 아스투리아스에 걸쳐진 유럽의 봉우리들 피코스 데 에우로파(Picos de Europa) 국립 공원 지역에 들어서자 그런 스페인이 펼쳐졌다.

'무지개 너머 어딘가에 카브랄레스 치즈 장인이 살겠지.' 알고 있는 정보는 그의 이름뿐. 수화기 너머 가느다랗게 들리는 그의 목소리는 할아버지를 연상케 하는 음성이었다.

"우선 아레나스 데 카브랄레스(Arenas de Cabrales) 마을로 오세요."

차량 내비게이션마저 제대로 작동을 안 했지만, '무지개를 봤으니 그를 찾겠지' 하는 마음으로 험준한 산길을 지나고 물을 건넜다. 표지판을 보며 더듬어 찾아온 길목에서 돌로 만든 커다란 카브랄레스 치즈를 보니 안도감이 들었다. 읍내처럼 번화한 거리에서 지나가는 사람에게 물으면 치즈 장인을 찾을까 싶었다.

"실례지만 이 마을에 사는 후안 호세 씨를 아시나요?"

마침 귀인을 만났다.

"이 길을 따라가면 두 갈래 길이 나오는데 왼쪽 아니면 오른쪽에 카브랄레스 치즈 장인이 살고 있어요. 확실한 건 모르겠네요. 행운을

빌어요."

갈림길에서 속도를 줄였다. 이쪽 아님 저쪽이다. 왠지 느낌에 왼쪽 같았다. 그 촉을 따라 차를 몰고 갔다. 산으로 둘러싼 꼬부랑 길을 지나 빨간 지붕 집 옆에서 걸어오는 한 남자를 발견했다.

"혹시 후안 호세 씨를 아시나요?"

"제가 후안 호세입니다."

드디어 그를 찾았다. 상상했던 것과 달리 젊은 장인이었다. 그는 대대손손 카브랄레스 치즈를 만드는 엘 카브리테루(El Cabriteru)를 이끌고 있다. 건물 한쪽 벽에는 국제 치즈 대회에서 수상한 이력이 걸려 있었다. 농장 옆 빨간 지붕 집은 그가 어릴 때부터 사는 집이다.

작업복을 입고 양과 염소가 사는 농장에 먼저 들렀다. 예민한 양들은 놀라서 달아나고 귀여운 새끼 흑염소 한 마리가 졸졸 따라왔다. 눈이 마주친 새끼 흑염소를 번쩍 들어 꼭 안았다. 그 포근함에 순간 집에 두고 온 아들 생각이 났다.

호세 씨가 즉석에서 양젖을 짜더니 마셔보라며 통을 건넸다. 갓 짠 양젖은 따뜻했다. 우유만 마셨지 양젖은 처음이다. 그 맛은 어떨까. 마시기 전에는 모른다. 비릿하지 않고 고소하고 달콤하며 부드럽고 신선하다. 상상했던 맛 이상이다. 원유를 맛보니 카브랄레스 치즈의 맛을 더 이해하게 됐다. 낯을 가리는 양은 내 손길을 기가 막히게 알아차렸다. 호세 씨가 앞에서 양을 잡아 주는 동시에 내가 양젖을 짜려고 시도하자 자꾸만 뒷발길질을 하는 통에 양젖을 제대로 짤 수 없었다. 양이랑 친해지려면 시간이 필요했다.

카브랄레스 치즈는 양젖과 염소젖에 우유를 섞어 만들기도 하고 양젖과 염소젖으로만 만들기도 한다. 엘 카브리테루는 양젖으로만 만든 오베하(Oveja 양), 염소젖으로만 만든 카브라(Cabra 염소), 양젖과 염소젖을 섞어 만든 메스클라(Mezcla 혼합) 이렇게 세 가지 종류의 블루치즈를 만든다. 산 좋고 물 좋고 공기 좋은 자연에서 직접 키운 양과 염소에서 얻은 원유로 만드는 엘 카브리테루의 블루치즈는 특별한 마운틴 치즈다. 깨끗한 자연과 더불어 현대 기술이 만나 온도 습도를 조절하는 방에서 만드는 카브랄레스 치즈는 숙성 기간에 따라 각 방에서 나는 향이 달랐다.

블루치즈의 역사나 발견은 다른 위대한 치즈와 마찬가지로 우연에 의해서다. 전설에 따르면 한 농부가 카브랄레스의 동굴에 치즈 조각을 남겼다. 몇 주 후 그가 돌아왔을 때, 그는 치즈 속이 황백색에서 강렬한 녹청색으로 변한 것을 발견했다. 치즈에 곰팡이가 깊숙이 퍼져 있었고 맛과 향은 매우 강렬했다.

전설은 제쳐두고 블루치즈가 이러한 특성을 갖게 된 진짜 이유는 동굴 속 시원한 온도와 높은 습도, 지속적인 통기 등 몇 가지 요인에 기인한다. 피코스 데 에우로파 산맥은 카브랄레스 치즈가 자연적으로 탄생한 지역이다. 카브랄레스 치즈가 만들어지는 석회암 동굴에 들어서니 높은 습도가 느껴졌다. 동굴 내부는 사진 촬영이 금지돼 있고 출입구에는 에어 샤워 시스템이 장착돼 있다.

카브랄레스 치즈 동굴을 관리하는 넬라 씨가 친절히 안내했다. 동굴의 높은 습도는 스페인어로 소프라오스(Soplaos)라 하는 공기의 흐름과 함께 치즈 속 페니실리움(Penicillium)을 발달하게 한다. 이는 동굴 벽에 있는 페니실리움 균류의 증식을 촉진하고 균류의 포자를 자연적으로 퍼뜨린다.

이는 치즈의 성격을 특징짓는 강렬한 냄새와 약간의 매운맛이 느껴지게 하며 양이나 염소젖으로 만들 때 더 두드러진다. 블루치즈 애호가라면 반할 맛이다. 카브랄레스 치즈는 1981년에 원산지 표시 보호(PDO) 인증을 받았다. 2019년 케세리아 아란가스(Quesería Arangas)에서 생산한 카브랄레스 치즈(2Kg)는 2만500유로에 낙찰돼 세계에서 가장 비싼 치즈로 기네스에 오르기도 했다.

"카브랄레스 치즈에 시드라(Sidra)가 빠질 수 없죠."

호세 씨가 갑자기 도르래의 밧줄을 잡아당기더니 사과주 시드라

병이 올려졌다. 시원한 계곡물에 시드라 병을 보관하는 천연 냉장 시스템이다. 호세 씨가 팔 한쪽을 쭉 뻗어 올려 낙폭을 크게 하여 잔에 시드라를 따랐다. 약한 거품이 일어났다.

"카브랄레스 치즈 조각을 햇볕에 비추어 보면 파랑보다 초록빛에 가까워요."

병풍처럼 둘러싼 산 아래에서 시원한 시드라와 카브랄레스 치즈라니. 행복한 오후의 한때였다.

60 min.

하몬 이베리코 블루치즈 크로케타스

크로케타스는 프랑스에서 유래했지만, 스페인만의 비법으로 고전적인 스페인의 맛이 되었다. 다양한 크로케타스 중 단연 인기 있는 건 하몬 크로케타스다. 아스투리아스에서 생산하는 블루치즈 카브랄레스 치즈 맛이 그립지만, 한국에서는 구하기 어렵다. 대신 쉽게 구할 수 있는 블루치즈와 하몬 이베리코를 넣어 만든 크로케타스로 추억의 맛을 떠올린다.

ingredient / 2인분

[베샤멜 소스]

무염 버터 60g
다진 양파 60g
밀가루 90g
우유 420ml
블루치즈(바스러진 것) 90g
하몬 이베리코 85g

[튀김]

밀가루 150g
달걀 3개
빵가루 250g
엑스트라 버진 올리브 오일 500ml

recipe

1 중불로 달궈진 소스팬에 버터를 넣어 녹인 후 양파를 넣고 부드러워질 때까지 볶는다. 밀가루를 넣고 밀가루가 버터와 잘 섞이도록 5분가량 잘 저어준다. 우유를 부어 되직해질 때까지 계속 저어준다.

2 블루치즈를 넣어 고루 섞이도록 2분가량 잘 저어주고, 다진 하몬 이베리코를 넣는다. 베샤멜 소스를 완성한다.

3 베샤멜 소스를 통에 담아 뚜껑을 닫고 완전히 차갑게 식을 때까지 2시간 정도 기다린다. (전날 만들어 냉장고에 보관해도 좋다.)

4 베샤멜 소스를 숟가락으로 떠서 손가락 두세 마디 길이로 크로케타스 모양을 만든다.

5 모양을 낸 크로케타스 반죽에 밀가루, 달걀물, 빵가루(믹서에 갈아서 고운 상태로 만든 것)순으로 튀김옷을 입힌다.

6 팬에 올리브 오일을 넣고 180도가 되면 크로케타스를 넣어 노릇노릇하게 튀긴다. 키친타월 위에 올려 기름을 제거하고 뜨거운 상태로 접시에 올린다.

30 min.

초리소 리오하니토

라 리오하(La Rioja) 지역은 유명한 리오하 와인 산지로 알려졌지만 훈제한 고춧가루 피멘톤을 넣은 빨간 소시지 초리소도 알아준다. 리오하니토(Riojanito)는 라 리오하를 상징하는 초리소로 앙증맞게 만든 타파다. 한입 쏙 먹을 수 있는 리오하니토에는 라 리오하 지역을 작은 요리로 표현한 애칭의 뜻이 담겼다. 리오하니토는 템프라니요 품종이나 가르나차 품종으로 만든 리오하 와인과 곁들여도 좋다.

ingredient / 2인분

시판 생지 4장
초리소 75g
메추리알 4개
엑스트라 버진 올리브 오일 2T

[부재료]

미니 타르트 틀

recipe

1 냉동 상태에서 실온에 해동한 생지는 미니 타르트 틀에 넣어 공기가 들어가지 않게 꾹꾹 눌러주고 바닥을 포크로 콕콕 찍어준다.

2 180도로 예열한 오븐에서 타르트 틀에 넣은 생지를 20분간 굽는다.

3 생지를 굽는 동안 초리소는 작은 조각으로 부수고 올리브 오일에 볶아 따로 둔다.

4 초리소를 볶은 팬에서 메추리알 프라이를 한다.

5 구운 타르틀렛에 볶은 초리소를 담고 그 위에 메추리알 프라이를 얹는다.

tip

생지 대신 미니 타르트 모양을 낸 시판 타르틀렛을 사용하면 더 간편하다.

40~50 min.

알본디가스

뭉친 고기나 생선에 달걀, 빵가루, 향신료를 넣고 밀가루를 묻힌 다음 튀긴 후 끓인 요리다. 알본디가라는 단어는 구슬처럼 생긴 헤이즐넛을 의미하는 아랍어 알분두카(Al-bunduqa)에서 유래했다. 알본디가스는 아랍인이 전한 요리로 꽤 오랜 역사가 있다. 알본디가스를 메인 코스로 내어도 좋고 밥이나 으깬 감자와 먹으면 든든하고 맛있다.

ingredient / 2인분

[미트볼]

소고기 다짐육 250g
식빵 1조각
우유 1T
달걀 1개
다진 마늘 1t
다진 파슬리1T
화이트 와인 1T
소금 $\frac{1}{2}$t
엑스트라 버진 올리브 오일 3T
밀가루 1T

[소스]

엑스트라 버진 올리브 오일 4T
양파 $\frac{1}{2}$개
마늘 1쪽
완숙 토마토 2개
물 200ml
소금 약간
후추 약간
사프란 4~5가닥

recipe

1 가장자리를 자른 식빵을 커다란 볼에 담고 그 위에 우유를 부어 1분간 둔다.

2 볼에 소고기, 달걀, 마늘, 파슬리, 화이트 와인을 넣고 섞어준다. 소금을 넣어 고루 섞는다.

3 고기 반죽을 동그랗게 경단 모양으로 만들고 밀가루 위에 굴린다.

4 올리브 오일을 두른 팬은 중불로 가열하고 미트볼을 넣어 4분가량 굽는다.

5 올리브 오일을 두른 다른 팬에 다진 양파와 마늘을 넣고 양파가 부드러워질 때까지 볶다가 다진 토마토를 추가해 볶는다.

6 5에 물을 붓고 소금과 후추로 간을 하고 끓이다가 불을 끄고 약간 식힌 후 블렌더로 간다.

7 미트볼에 6을 붓고 사프란을 추가해 소스가 걸쭉한 상태가 될 때까지 10~15분 끓인다.

8 완성된 미트볼을 소스와 함께 접시에 담는다.

30 min.

마늘 치킨 윙

스페인에서도 예전에는 닭고기가 귀했다. 마늘은 가난한 이들의 향신료였고, 닭고기는 부유한 이들의 식재료였다. 세월이 흘러 두 재료는 떼려야 뗄 수 없는 존재가 되었다. 마늘과 치킨의 만남, 마늘 치킨은 스페인에서 클래식한 타파 중 하나다. 조리 과정에서 셰리 와인은 피노(Fino)나 만사니야(Manzanilla)를 추천한다.

ingredient / 2인분

닭 날개 6개
다진 마늘 1T
엑스트라 버진 올리브 오일 3T
월계수 잎 1장
셰리 와인 30ml
치킨 스톡 30ml
소금 약간
후추 약간

recipe

1 프라이팬에 올리브 오일을 두르고 중불로 가열하다 다진 마늘을 넣고 옅은 갈색이 될 때까지 3~4분간 볶는다.
2 깨끗이 손질한 닭 날개를 추가하고 모든 면이 갈색이 될 때까지 굽는다. 월계수 잎과 셰리 와인을 추가한다. 팬에 있는 오일과 셰리가 유화되도록 잘 저어주고 1분 동안 굽는다.
3 2에 치킨 스톡을 넣고 졸인다.
4 소금과 후추를 뿌리고 접시에 담는다.

tip

마늘을 구워 곁들여 먹으면 더 맛있다.

25 min.

하몬으로 속을 채운 양송이

양송이에 소를 채운 타파스는 스페인 여느 타파스 바를 비롯해 바스크 핀초스 바에 등장하는 메뉴다. 참피뇨네는 스페인어로 양송이, 레예노는 소를 채워 넣는다는 뜻으로 크기가 서로 다른 양송이에 소를 채워 차곡차곡 쌓아 꼬치로 고정해서 핀초스로 만들거나 빵 위에 참피뇨네스 레예노스를 올려 먹기도 한다. 소를 만드는 재료는 다양한데 역시나 하몬이 들어가야 맛있다.

ingredient / 2인분

알이 큼직한 양송이 6개
하몬 이베리코 4장
엑스트라 버진 올리브 오일 2T
마늘 2쪽
파슬리 $\frac{1}{2}$T
소금 약간
레몬($\frac{1}{2}$개) 즙

recipe

1 오븐은 180도로 예열한다.
2 양송이를 씻은 다음 줄기는 떼어내고 물기를 제거한다.
3 양송이 줄기, 마늘, 파슬리, 하몬을 잘게 다진다.
4 약불로 올린 팬에 올리브 오일을 두르고 다진 양송이 줄기, 파슬리, 하몬을 5분 볶는다.
5 소금으로 간을 하고 레몬즙을 추가한 다음 골고루 저어 갈색이 될 때까지 볶는다.
6 종이호일을 깐 오븐 트레이 위에 양송이를 올리고 소를 채운 후 오븐에서 5분 굽는다.
7 오븐 온도를 220도로 높여 5분 더 굽는다.

tip

빵 위에 양송이 구이를 올려 꼬치로 고정해 핀초스로 즐길 수 있다.

30
min.

엠파나디야스 데 카르네

밀가루 반죽에 소를 채워 넣은 파이로 갈리시아에서 유래했다. 산티아고 순례길에서 순례자들의 허기를 채워 주었던 엠파나다는 다양한 형태로 만들어진다. 엠파나디야는 엠파나다보다 작은 형태다. 카르네(Carne)는 고기를 뜻한다. 시판 파이 생지로 집에서 간단하게 엠파나디야를 만들 수 있다. 갓 구워 따뜻할 때 가장 맛있지만 식어도 맛있다.

ingredient / 12개

소고기 다짐육 200g
양파 ½개
홍피망 ½개
토마토 소스 4T
시판 냉동 파이
생지(10x11cm) 12장
달걀 1개
엑스트라 버진 올리브 오일 2T
소금 약간

recipe

1 오븐은 190도로 예열한다.
2 팬에 올리브 오일을 두르고 중불에서 다진 양파, 홍피망, 소고기를 차례대로 볶고 소금으로 간을 한 다음 토마토 소스를 넣고 더 볶는다.
3 실온에서 미리 해동한 파이 생지는 동그란 컵으로 눌러 7~9cm 지름의 원 모양으로 만든다.
4 숟가락으로 소고기 소를 떠서 동그란 반죽 가운데 넣고 반으로 접는다. 반죽 가장자리를 둘러가며 포크로 누른다.
5 유산지를 깐 오븐 트레이에 엠파나디야를 올리고 브러시로 달걀물을 바른 다음 오븐에서 반죽이 부풀어 올라 황금빛으로 변할 때까지 18~20분가량 구워 완성한다.

토마토 소스(약 500ml)

토마토 500g, 엑스트라 버진, 올리브 오일 3T, 다진 양파 4T
다진 마늘 1t, 설탕 1T, 소금 약간

팬에 올리브 오일을 두르고 중불에서 다진 양파와 마늘을 볶다가 씨를 뺀 다진 토마토를 넣고 10분가량 더 볶는다. 불을 끄고 약간 식힌 다음 블렌더로 갈아 퓨레 상태로 만든다. 소금과 설탕을 넣고 한 번 더 갈아 완성한다.

미식의 보석,
아냐나 소금 계곡을 찾아

"요리의 맛을 바꾸는 유일한 재료는 분자요리가 아니라 소금이다. 오직 짠맛만이 음식 맛을 지배한다." - 페란 아드리아(Ferran Adrià)

인류 역사상 맛은 물론 식품을 보존하는데 가장 효과적인 재료는 소금이 아닐까. 바스크 컬리너리 센터(BCC)는 물론 스페인 미쉐린 스타 레스토랑에서 예찬하는 소금을 찾아 떠났다.

해발 565m 높이에 펼쳐진 새하얀 소금 평원. 2억 년 전 광활한 바다였던 이곳은 바닷속 땅이 융기하여 육지가 됐다. 바스크 지방 알라바(Álava)주 비토리아 가스테이스(Vitoria-Gasteiz)에서 30km 떨어진 아냐나(Añana) 소금 계곡마을은 7천 년이 넘는 역사를 지닌 세계에서 가장 오래된 소금 계곡 중 하나다. 산세바스티안에서 차로 1시간 30분 거리에 살리나스 데 아냐나(Salinas de Añana)가 있다.

스페인어로 바예 살라도(Valle Salado)는 소금 계곡을 말한다. 염원(鹽原) 혹은 소금 평원인 셈인데 소금이나 다른 광물로 뒤덮인 곳이다. 퐁퐁퐁 소금 샘물 아래 바위틈에서 보글보글 거품이 일어난다. 소금물은 아주 깊은 지층에서 올라오는데 지표와 접촉하면서 그 압력 차로 거품이 생긴다.

이곳 염수의 염분 농도는 바닷물보다 7배가 넘는다. 소금 계곡물 1L에서 소금 240g을 얻는다. 아냐나 소금 협동조합에서 일하는 미렌 씨가 설명을 이어갔다.

"스페인 바다 소금은 나트륨 99%에 미네랄 1%가 함유됐어요. 아냐나 소금에는 나트륨 93%와 미네랄 7%가 들어있어요. 아냐나 소금이 특별한 이유죠."

아냐나 소금 계곡은 자연환경도 독특하지만, 어디에서도 보기 드문 구조물이 있다. 이는 특정 연대에 지은 계획된 건축물이 아니라 선사 시대부터 현재에 이르기까지 여러 세대에 걸쳐 조정된 작업장의 결과물이다. 소금 계곡 입구에 있는 교육장에서 아냐나에 관한 3D 입체 영상물을 보면 신석기시대부터 오늘날까지 아냐나의 생활 모습을 더욱 자세히 알 수 있다.

현재 아냐나 소금 계곡에서 소금을 얻는 방식은 고대 로마 시대부터 이뤄졌다. 13헥타르 규모에 새하얀 소금 판이 있다. 이는 높낮이

Santceloni

를 달리해 반듯한 계단식 논밭처럼 만들어졌다. 소금 판 개수만 해도 5,500여 개다. 나무, 돌, 진흙으로 지어진 이 구조물은 예수가 태어나기 전 고대 로마 시대에 만든 방식이다.

마치 논에 물을 대듯 소금 판 주변으로 소금물이 흐른다. 땅속에서 올라오는 염수를 각 소금 판 위에 골고루 공급하고자 수로를 설치했다. 목재 수로망을 따라 소금물은 먼 곳까지 구석구석 전해진다. 수로망을 타고 흐르다가 수로망 아래로 떨어지는 지점에는 구멍이 있는데, 여기에 나무 막대로 열었다 닫았다 하며 소금물 양을 조절한다. 소금 샘물에서 각 판에 공급될 소금물을 저장하는 우물까지 도착하는 수로 시스템은 지혜롭고 튼튼하다. 당시 로마인들은 이집트에서 터득했던 도르래 원리를 이용해 소금물을 길어 소금 판에 부었고 지금도 옛 모습 그대로 햇볕으로 염수를 증발해 소금을 얻고 있다.

50년 넘게 아냐나 소금 계곡에서 일해온 아두에르타 씨의 안내로 도르래에 달린 양동이를 잡아당겨 앉으면서 소금물을 채운 후 판에 부었다. 직접 고대 방식을 따라 해 보니 수천 년 전 시간여행을 하는 기분이었다.

옛날에 소금은 귀했고 화이트 골드라 칭했다. 소금은 하나의 보상으로 로마인의 지급 통화 역할을 했다. 스페인어로 봉급이라는 뜻의 '살라리오(Salario)'는 소금 '살(Sal)'에서 왔다.

1900년대 전까지 스페인에서 소금은 비쌌다. 산업과 교통이 발달하면서 소금은 저렴해졌다. 스페인 바다 염전에서 소금을 만드는 데 하루가 걸린다면 아냐나에서는 일 년이 걸린다. 알맞은 바람과 햇볕

이 드는 5~9월까지 소금을 만들며 모두 수작업이다. 소금을 만드는 작업을 체험하고 소금을 선별하는 작업장에 들렀다. 소금을 고르는 작업자의 손놀림에서 반짝이는 소리가 났다. 손바닥만 한 소금 결정에서 나는 소리는 마치 크리스털을 부딪치는 듯 맑은 소리다. 좋은 소금은 음식 맛을 강화해준다. 큼지막한 결정의 바삭바삭한 소금은 요리의 대미를 장식하는 데 주로 사용한다.

아냐나에서 생산하는 소금 종류로는 미네랄 소금, 소금의 꽃이라는 플로르 데 살(Flor de sal)이 대표적이다. 스페인에서 고품질 미식 소금을 일컬어 소금의 꽃이라 한다. 아냐나의 염수를 농축한 액체 소금도 있다. 아냐나 소금은 26개국에 수출한다.

"아냐나 소금은 세계 소금의 '롤스로이스'이자 '미식의 보석'입니다. 순도가 높고 맛이 탁월하며 원래의 풍미를 보존할 수 있습니다." 산세바스티안에서 미쉐린 3스타 레스토랑을 운영하는 마르틴 베라사테기는 이렇게 말했다. 그는 아냐나 소금으로 요리한다.

"내 요리는 맛과 감성, 그리고 꿈의 반영입니다. 먼저 요리를 어떻게 마무리하고 싶은지 생각한 다음 그것을 달성하기 위한 시스템을 찾습니다. 아냐나 소금을 사용하는 이유죠."

아냐나에서 다양한 체험을 할 수 있다. 소금을 주제로 한 미각 교육도 있고 야외에서 손과 발을 담그는 소금 스파도 즐길 수 있다. 발을 담그고 난 후 물기를 자연 건조했는데 바지 끝단이 새하얗게 변화했다. 손으로 문질러 보니 소금이다. 어린이도 고대 소금 노동자의 작업을 직접 체험할 수 있다. 사전 예약은 필수다.

아냐나 소금으로 요리하는 레스토랑

알마센(Almazen)

아냐나에서 태어나고 자란 베아트리스(Beatriz) 셰프가 운영하는 알마센은 바스크 지역에서 생산하는 식재료와 아냐나 소금으로 요리한다. 알마센은 창고라는 뜻의 알마센(Almacén)에서 왔다. 실제로 식당 자리는 예전에 소금 창고였다. 아늑하고 편안한 분위기로 바스크 전통에 현대적인 감각을 더한 요리를 선보인다. 직접 농사지어 만든 바스크 고추 튀김과 말고기 스테이크도 일품이다. 아냐나 소금 계곡에서 걸어서 5분 거리에 있다.

3

생선과 해산물

Pescados y Mariscos

삼면이 바다로 둘러싸이고 한 면은 육지와 이어진 땅. 이베리아반도의 생선과 해산물은 해안마다 다르다. 지중해와 대서양이 만나는 스페인은 바다 가까이에 사는 사람에게는 생선과 해산물이 기본 식단 중 하나였고, 내륙에 사는 사람에게는 귀하고 특별한 음식이었다. 안달루시아는 멸치를 통째로 튀겨 먹지만, 칸타브리아에서는 소금에 절인 멸치를 기름에 담근다. 오징어, 문어, 새우, 조개 등 싱싱한 해산물이 타파스의 맛을 이룬다.

RIOFRÍO
CAVIAR

캐비어를 사랑하는 셰프들

안달루시아 지방 그라나다에 있는 한적한 로하(Loja)산 큰 웅덩이에 철갑상어가 자유롭게 헤엄치며 살고 있다는 걸 예상하는 사람이 있을까. 해발 3,000m 높이 산에서 흘러나오는 수정처럼 맑은 물은 주변 농업에도 도움을 주고, 섭씨 14~15도의 일정한 온도는 물고기가 살 수 있는 이상적인 조건이다.

깨끗한 자연과 공존하며 상생하고 느리더라도 이롭게 미식을 추구하는 스페인을 보면 감탄하게 된다. 1990년대 철갑상어가 멸종 위기에 처해 철갑상어 낚시가 금지되기 시작하면서 비즈니스 모델을 구체화하기 시작했고, 리오프리오(Riofrío) 철갑상어알은 세계 최초로 유기농 인증을 획득했다. 리오프리오는 철갑상어 번식과 캐비어

TRADICIONAL CAVIAR RIOFRÍO
ECOLÓGICO CAVIAR RIOFRÍO
RUSSIAN

생산에서 독점권을 가졌다.

유기농 캐비어 외에도 리오프리오는 풍미에 따라 전통과 러시아 스타일 이렇게 두 가지 다른 제품을 생산한다. 짠맛과 기름진 감각은 견과류와 크림의 터치와 함께 균형을 이룬다.

리오프리오 캐비어의 열렬한 팬 중 한 명은 호세 안드레스(José Andrés) 셰프다. 엘불리에서 페란 아드리아와 일했던 그는 미국으로 건너가 성공적으로 타파스 레스토랑을 운영하며 자선단체 월드 센트럴 키친을 이끌고 있다. 전 세계 어려운 곳이 있으면 발 벗고 나서는 그가 우크라이나 전쟁이 일어나자 폴란드에서 차를 빌려 우크라이나 국경으로 가서 밀가루를 배급하고 음식을 나눠줬다. 그의 인도주의적 정신은 스페인 미식을 바탕으로 하고 있다. 호세 안드레스는 달걀 프라이에 특별한 터치를 더하는 데 이 캐비어를 사용했다.

안달루시아 말라가에 있는 레스토랑 소요(Sollo)의 디에고 가예고스(Diego Gallegos) 셰프는 캐비어의 셰프로 알려졌다. 브라질 태생이지만 자신이 말라가 출신이라고 생각할 정도로 디에고는 안달루시아를 사랑한다. 미쉐린 1스타 셰프인 그는 민물 생선을 활용한 요리와 안달루시아 철갑상어 회복에 관한 연구도 활발히 한다. 캐비어는 그의 요리에 핵심 재료다. 메기와 화이트 버터 소스, 으깬 감자와 치즈를 섞고 향긋한 허브와 캐비어로 장식한 메뉴는 자개 숟가락으로 떠먹는다. 금속 숟가락은 캐비어에 금속의 맛을 줄 수 있기 때문이다.

영국 유명 셰프 고든 램지는 리오프리오 캐비어에 대한 열정을 공개적으로 표명했다. 유기농 캐비어는 주로 영국과 북유럽에서 확고

CAVIAR
RIOFRIO

한 입지를 가지고 있다.

그라나다 산맥의 독특한 조건은 스페인 피레네산맥 아란 계곡에도 존재한다. 아란 계곡은 때 묻지 않은 두메산골 마을로 20세기 중반에 비에라 터널이 생기고서야 외부와 교류하기 시작했다. 유럽 산악 휴양지 중 하나로 손꼽는 고급 휴양지로 옛 고성을 개조한 파라도르가 있다.

아론 계곡 가론강에서 자연적으로 자라는 철갑상어가 있다. 가론강은 스페인 카탈루냐에서 발원하여 프랑스 남서부를 흐르는 강이다. 해빙에서 나오는 순수한 물과 비교할 수 없는 자연환경은 투명한 맛을 지닌 최고 품질의 캐비어를 만든다. 나카리(Nacarii)는 가론강에서 얻은 철갑상어알 크기에 따라 세 가지 버전으로 상품을 생산한다.

값비싼 스페인산 캐비어를 대신해 캐비어 느낌을 주는 분자요리를 만들기도 한다. 스페인 요리 수업에서 알긴산나트륨과 주스를 섞어 이를 스포이트에 넣고 한 방울씩 오일에 떨어트려 동글동글 식물성 캐비어를 만들어 타파스에 장식했다. 블랙올리브와 짭짤한 안초비로 만드는 올리브 캐비어는 부담 없이 훌륭한 맛을 낸다.

5
min.

올리브 캐비어

짭조름하고 감칠맛 나는 올리브 스프레드. 캐비어처럼 블랙 빛깔에 안초비를 넣어 바다의 맛이 느껴진다. 한번 만들어두면 출출할 때 간식으로 요긴하게 먹는다. 빵이나 크래커에 발라서 와인이나 맥주랑 곁들여도 좋다.

ingredient / 2인분

씨를 뺀 블랙 올리브 80g
소금과 오일에 절인 안초비 필렛 2개
케이퍼 1T
엑스트라 버진 올리브 오일 1T
바게트나 크래커

recipe

1 올리브, 기름을 뺀 안초비, 케이퍼를 블렌더로 갈아 빽빽한 페이스트 상태로 만든다.

2 1에 올리브 오일을 넣어 골고루 섞어준다.

3 용기에 옮겨 랩을 씌우거나 뚜껑을 덮은 후 냉장고에서 차가워질 때까지 기다린다.

4 바게트나 크래커 위에 올리브 캐비어를 바른다.

tip

밀폐 용기에 담아 냉장고에 보관하면 1주일 동안 먹을 수 있다.

칸타브리아 안초아는 사랑을 싣고

"저는 칸타브리아 사람입니다."

음식으로 말을 걸어왔다. 스페인 칸타브리아 지역 미쉐린 3스타 헤수스 산체스(Jesús Sánchez) 셰프가 요리했던 갈라 디너에서다. 그는 첫 번째 요리에서 포도와 감자 플레이크를 곁들인 안초아를 선보였다. 헤수스 산체스 셰프는 자신의 뿌리를 잊지 않고 요리에 표현한다. 그는 스페인 미식의 세 가지로 올리브 오일과 하몬, 안초아를 꼽았다.

미식과는 거리가 멀다고 생각했던 통조림에 대한 편견이 스페인에서 사라졌다. 엑스트라 버진 올리브 오일에 풍덩 빠진 염장 멸치 절

임 캔 안초아(Anchoa)를 맛보고 난 이후에서다. 품질 좋은 음식이 담긴 통조림은 미식가들뿐 아니라 스페인 일상에서 즐겨 먹는다. 북부 바스크 지역 빌바오에서 서쪽에 있는 칸타브리아 지역은 해산물 통조림 가공으로 유명하다.

여름이면 칸타브리아에 있는 선사 시대 알타미라 동굴을 찾는 수천 명의 방문객은 인근 산티야나 델 마르(Santillana del Mar)와 칸타브리아 주요 도시 산탄데르를 비롯해 코미야스(Comillas)와 라레도(Laredo)를 여행한다.

라레도 만 건너편 산토냐(Santoña)는 스페인 이름만큼이나 이탈리아 이름을 사용하는 곳이다. 19세기에 이탈리아 시칠리아 가족이 대거 산토냐로 이주하면서 멸치 절임은 북부 해안에서 중요한 사업 중 하나로 떠올랐다. 그들은 멸치를 소금에 절이는 방법을 마을 주민보다 더 잘 알고 있었다.

1883년 산토냐에 온 시칠리아 출신 조반니(Giovanni)도 그중 하나다. 이탈리아에서 새로운 어장을 찾아 칸타브리아 해안에 도착한 그는 산토냐 출신 돌로레스와 사랑에 빠졌다. 조반니는 그녀와 결혼하고 산토냐에 정착했다.

당시에는 소금에 절인 멸치에 가시를 제거하지 않았고 식사 중에 가시를 발랐다. 뼈 있는 치킨보다 순살 치킨이 먹기 좋듯 조반니는 작업장 여성들과 고안한 끝에 순살 멸치를 만들었다.

소금에 멸치를 절인 후 손으로 비늘과 뼈를 제거하여 간편하게 한 입 쏙 먹기 좋아졌다. 멸치 가시와 비늘을 손으로 완전히 제거하는 기술은 빠르게 전해졌다. 이를 소바도(Sobado)라 하는데 먹기 좋게 손으로 다듬고 문지르는 기술은 장인의 작업으로 하나하나 수작업으로 이뤄진다.

처음에 조반니는 이탈리아 방식을 따라 멸치에 케이퍼와 버터를 넣어 풍미를 좋게 했다. 비용 증가로 그는 마침내 올리브 오일을 넣은 멸치캔을 만들었다. 소금에 절인 멸치를 오일에 담그면 강한 맛을 부드럽게 한다.

1900년 조반니는 그의 아내를 기리고자 산토냐에서 처음으로 통조림 멸치 공장 라 돌로레스(La Dolores)를 세웠다. 아내에 대한 사랑만큼이나 멸치 사업은 승승장구했다. 오늘날 우리가 알고 있는 멸치캔이 탄생한 배경이다.

5,99
Desde 1950
SANTOÑA
Cantabria
CONSORCIO®
ANCHOAS
en aceite de oliva
*Zona pesca Anchoa: ver lateral

스페인에서 멸치를 부르는 이름은 다양하다. 신선한 멸치를 보카르테(Bocarte)라 하고, 소금에 숙성한 후 오일에 담근 멸치를 안초아(Anchoa)라고 한다. 보케론(Boquerón)은 멸치 중에서도 식초와 오일에 절인 멸치 보케로네스 엔 비나그레(Boquerones en vinagre) 혹은 멸치 튀김 보케로네스 프리토스(fritos)의 명칭이다.

지역이나 조리법에 따라 멸치 이름이 다른데, 바스크에서는 이런 구분 없이 멸치는 모두 안초아다. 소금과 오일의 조합은 안초아스 엔 살라손(Anchoas en salazón), 식초와 오일은 안초아스 엔 비나그레, 튀김도 안초아스 프리타스(fritas)라 한다.

머리와 내장을 제거하고 소금으로 뒤덮은 멸치는 최소 6개월에서 길게는 1년가량 숙성한다. 멸치는 살이 유연하고도 단단하며 부드럽고 촉촉해야 한다. 뻣뻣하거나 쪼그라든 상태와는 거리가 멀어야 한다. 색상은 적갈색에서 옅은 캐러멜 색상까지 다양하다. 멸치가 메인 보컬이면 소금과 오일은 메인을 빛나게 하는 코러스다. 소금과 오일의 맛과 향은 멸치가 지닌 고유한 맛을 가리지 않고 균형을 이뤄야 한다.

튀김 옷을 입은 멸치 튀김은 안달루시아 요리법이다. 보케로네스 엔 비나그레는 스페인 타파스 바에서 친근하게 먹는 메뉴이자 각 가정에서 만들어 먹는 타파스다. 감칠맛 나는 안초아는 핀초의 대명사 힐다에 들어가는 고전적인 음식이다. 무심한 듯 단순해 보이는 안초아는 맥주나 화이트 와인, 셰리 와인과 두루두루 잘 어울린다.

세계 멸치의 요람 산토냐에서 가볼 만한 타파스 바

시에테 비야스 가스트로바르 Siete Villas GastroBar

산토냐 멸치 품평회에서 열린 핀초 콩쿠르에서 여러 번 우승한 곳으로, 대회에서 입상한 메뉴를 맛볼 수 있다. 야외에 테라스가 있다.

주소 Calle Aro 10, 39740 Santoña 전화 +34 695 37 20 43

돈 비노 Don Vino

바 내부 규모는 작지만, 다양한 타파스를 훌륭하게 요리한다. 와인 리스트도 눈여겨볼 만하다.

주소 Calle Cervantes S/n 39740, 39740 Santoña 전화 +34 649 76 35 96

바르 사톤 Bar Zatón

산토냐 마을에서 가장 오래되고 유명한 바 중 하나. 안초아와 더불어 감자와 달걀에 곁들이는 이곳만의 특제 소스 메뉴가 맛있다. 야외 테이블에서도 먹을 수 있다.

주소 Calle de Alfonso XII 16, 39740 Santoña 전화 +34 639 21 08 85

칸타브리아산 안초아 통조림 추천 브랜드

돈 보카르테 Don Bocarte

스페인 현지 셰프가 추천한 브랜드. 8개월 동안 소금에 숙성한 멸치를 잘 익은 바나나 터치와 과일 향이 나는 엑스트라 버진 올리브 오일에 담근 제품으로 육즙이 많고 염분이 낮다.

롤린 Lolín

1955년에 설립한 가족기업으로 최대 12개월 동안 소금에 숙성하고 올리브 오일을 넣은 제품이다. 엘코르테 잉글레스 백화점에서 구매할 수 있다.

5
min.

힐다

힐다(Gilda)는 핀초스(Pintxos) 바에 들어서면 가장 먼저 주문하는 메뉴다. 올리브 절임, 안초아, 긴디야(Guindilla) 고추 피클, 이 세 가지 조합을 잇는 꼬치 힐다는 핀초스 중에 가장 상징적이다. 바스크에 가면 핀초는 반데리야(Banderilla)라고 표기한다. 투우에서 긴 창을 반데리야라고 하는데 기다란 꼬치를 말한다. 바스크의 삼합 힐다는 사과주 시드라나 시원한 맥주 안주로 안성맞춤이다.

ingredient / 2인분

씨를 뺀 올리브 절임 2개
안초아 필렛 2개
고추 피클 2개
엑스트라 버진 올리브 오일 2T

[부재료]

꼬치 스틱

recipe

1 꼬치에 고추 피클을 끼우고 안초아 필렛을 아코디언 스타일로 접어 끼운다.

2 꼬치 끝에 올리브 절임을 끼운다.

3 남은 재료와 꼬치도 반복한 다음 완성된 힐다를 그릇에 담고 엑스트라 버진 올리브 오일로 두르고 먹는다.

tip

핀초는 정해진 형식이나 순서가 자유롭다. 좋아하는 재료를 더 첨가해 나만의 힐다를 만들어도 좋다.

20 min.

엔다이브에 곁들인 새우와 연어

엔다이브는 지중해가 원산지인데 이집트와 그리스, 로마인들은 야생 형태로 소비했다. 19세기 벨기에 브뤼셀 근처 에베레 마을에서 오늘날 먹는 엔다이브를 우연히 발견했다. 치커리 뿌리에서 길고 부드럽고 희끄무레한 새싹이 돋아났는데, 엔다이브였다. 스페인에서는 이와 같은 엔다이브를 나바라에서 생산하며 미식가들의 식탁에 오르고 있다.

ingredient / 2인분

엔다이브 4장
새우 4마리
훈제연어 4조각
마요네즈 4T
오이피클 2T
딜 약간

recipe

1 새우는 껍질을 벗겨 손질하고 끓는 물에 데쳐 식힌다.
2 작은 배처럼 오목한 부분이 위로 향하도록 엔다이브 잎을 놓는다.
3 그릇에 다진 오이 피클과 마요네즈를 골고루 섞는다.
4 엔다이브 위에 새우를 놓고 그 위에 마요네즈 1T를 올린다.
5 마요네즈 위에 연어를 얹고 딜로 장식한다.

tip

마요네즈에 다진 청양고추를 섞어 매콤하게 즐길 수 있다.

달걀 없이 만드는 마요네즈(약 170ml)

우유 50ml, 레몬(1/4 개) 즙, 소금 1t, 엑스트라 버진 올리브 오일 120ml

우유, 레몬즙, 소금을 블렌더로 섞어준다. 원하는 농도가 될 때까지 올리브 오일을 조금씩 추가해 완성한다.

20
min.

메히요네스 콘 비나그레타

화이트 와인에 찐 홍합에 마리네이드한 채소를 얹어 먹는 요리로 감칠맛과 더불어 새콤함이 어우러져 식전 입맛을 돋운다. 홍합을 화이트 와인에 찐 후 냄비에 그대로 넣은 채로 식히면 홍합살이 마르지 않고 촉촉하며 홍합에서 나온 육즙도 잘 배어들어 더욱 맛있게 즐길 수 있다. 잘게 채 썬 채소는 입안에서 아삭아삭 산뜻하게 다가온다. 홍합 껍데기에 남은 국물도 호로록 마시게 된다.

ingredient / 2인분

홍합 6개
화이트 와인 150ml
빨강 파프리카 ½개
노랑 파프리카 ½개
초록 파프리카 ½개
양파 ½개
화이트 와인 식초 2T
레몬(½개) 즙
엑스트라 버진 올리브 오일 4T
소금 약간

recipe

1 홍합은 깨끗이 손질하여 냄비에 넣고 화이트 와인에 찐다. 홍합 껍데기가 벌어지면 불을 끄고 냄비에 둔 채 식힌 후 냉장고에 넣어둔다.

2 파프리카와 양파는 모두 다져 볼에 담는다. 식초, 레몬즙, 올리브 오일, 소금을 넣고 골고루 버무리면 드레싱이 완성된다.

3 냉장고에서 차가워진 홍합의 한쪽 껍데기는 제거하고 2를 듬뿍 올려 접시에 담는다.

tip

홍합과 채소에서 나온 즙을 같이 맛보기 위해 소금은 살짝만 넣는다.

35 min.

문어와 아보카도 살피콘

살피콘(Salpicón)은 여러 재료를 다져 소스로 재워 만든 요리다. 흔히 해산물 살피콘이라는 뜻의 살피콘 데 마리스코로 즐겨 먹는다. 갈리시아에서는 채소와 해산물을 다져서 비나그레타 소스에 하루 정도 미리 재워뒀다가 시원하게 먹는 샐러드다. 여름철 입맛을 돋우는 전채요리로 간단하게 만들 수 있다.

ingredient / 2인분

문어 250g
아보카도 1개
토마토 1개
청피망 1개
적양파 1개
라임(1개) 즙
와인 식초 1T
엑스트라 버진 올리브 오일 4T
소금 약간
후추 약간

recipe

1 커다란 냄비에 문어가 잠길 만큼 물을 붓고 월계수 잎을 넣는다. 물이 끓으면 문어를 넣고 15분가량 삶는다.

2 삶은 문어는 한입 크기로 자르고 아보카도, 토마토, 청피망, 적양파는 잘게 다진다.

3 볼에 2와 라임 즙, 식초, 올리브 오일, 소금, 후추를 넣고 골고루 섞는다.

4 완성한 문어 아보카도 살피콘을 접시에 담거나 숟가락에 한입 크기로 담아 낸다.

tip

문어 이외에 끓는 물에 데친 새우와 홍합 등을 넣으면 살피콘 데 마리스코가 된다. 이때 씨를 뺀 오이를 같이 넣어 아삭한 식감을 내는 게 좋다. 고수를 올려 향을 더해도 좋다.

50
min.

풀포 아 페이라

갈리시아에서 문어는 상징적인 해산물이다. 매년 8월 초대형 나무 접시에 풀포 아 페이라를 요리하는 문어 축제는 갈리시아에서 열리는 미식 축제 중 단연 인기다. 갈리시아에서는 잔칫날에 풀포 아 페이라를 먹는다. 축제의 문어라는 뜻의 풀포 아 페이라의 재료는 간단하지만 재료의 품질이 맛을 결정한다. 다른 지역에서는 갈리시아의 문어라는 의미로 풀포 아 라 가예가(Pulpo a la gallega)라고 한다.

ingredient / 2인분

문어 350g
감자 2개
월계수 잎 1장
엑스트라 버진 올리브 오일 3~4T
소금 약간
피멘톤 $\frac{1}{2}$t

recipe

1 커다란 냄비에 문어가 잠길 만큼 물을 붓고 월계수 잎을 넣는다. 물이 끓으면 문어를 넣고 20분가량 삶는다.

2 문어를 삶는 냄비에 소금 한 꼬집과 껍질을 벗긴 감자를 넣고 감자가 폭 익을 때까지 15분가량 삶는다. 집게를 이용해 문어와 감자를 꺼낸다.

3 삶은 문어와 감자는 먹기 좋은 크기로 자른다.

4 접시 위에 감자를 담고 그 위에 문어를 올린 후 올리브 오일과 소금, 피멘톤을 뿌린다.

tip

마트에 삶은 문어가 있다면 이를 끓는 물에 데치거나 전자레인지에서 데워 같은 방법으로 접시에 내면 조리 시간을 단축한다. 문어 요리에는 피쿠알 품종의 엑스트라 버진 올리브 오일을 추천한다.

10
min.

순례길 가리비 철판구이

산티아고 순례길의 수많은 갈림길에서 조가비 표시는 순례자의 이정표가 되어준다. 스페인의 수호성인 산티아고(야고보)가 온몸에 가리비로 둘러싸여 있었다는 전설 이후 가리비는 순례길을 상징한다. 오래전 순례자들은 가리비를 접시처럼 활용해 식사했다. 순례길 여정을 마무리하는 요리 삼부리냐스 아 라 플란차는 추억의 맛이다. 가리비 속 국물도 남김없이 맛보면 좋다.

ingredient / 2인분

가리비 6개
마늘 2쪽
파슬리 약간
엑스트라 버진 올리브 오일 6T
소금 약간
굵은 소금(해감용)

recipe

1 찬물에 굵은 소금을 넣고 가리비를 2시간가량 담가 두었다가 솔로 가리비 껍데기를 문지른 다음 흐르는 물에 헹군다. 칼로 가리비를 열어 가리비살을 덮은 뚜껑을 제거한다.

2 마늘, 파슬리, 올리브 오일, 소금 한 꼬집을 넣고 블렌더로 갈아 소스를 준비한다. 가리비 살에 소스를 바른다.

3 팬에 불을 올리고 팬이 뜨거워질 때까지 기다린다. 가리비 살이 팬 아래로 향하게 놓고 1분간 굽는다.

4 가리비를 뒤집고 소스를 얹은 다음 1분간 굽고 접시에 담는다.

tip

가리비구이에 레몬을 살짝 뿌려 먹으면 산뜻하다.

타파스에 더 가까이, 소프리토

이름에서부터 소프트함이 느껴진다. '부드럽게 튀긴(프리토)'을 의미하는 소프리토(Sofrito)는 양파, 마늘, 토마토, 올리브 오일로 조리한 소스를 말한다. 소프리토는 스페인 요리의 본질이자 기초다. 소프리토는 요리에 풍미와 깊이를 더하는 역할을 하며, 스페인에서도 지역마다 여러 버전이 있다. 이 소스는 타파스, 파에야, 스튜를 포함한 수많은 요리에 사용한다. 구세계 올리브 오일과 신세계 토마토의 만남은 닭고기, 생선, 조개류 등 여러 요리의 베이스가 된다.

소프리토는 모든 팬에서 조리할 수 있지만, 전통적으로 토기 캐서롤인 카수엘라(Cazuela)에서 만든다. 카수엘라는 금속 팬보다 온도가 높아지는 데 시간이 더 걸리지만, 일정하고 균일한 열을 유지한다.

소프리토 소스의 핵심은 토마토가 아닌 양파다. 소스의 주인공 양파는 부드럽고 달콤하게 충분히 조리해야 한다. 볶은 양파는 소스 맛의 기준이 되어 설탕을 얼마나 넣을지, 추가 조미료에 대한 판단력을 제공한다.

보통 음식에 소프리토를 넣고 와인이나 육수를 부어 조리하는데 조개류는 몇 분이면 충분하지만, 소고기나 양고기를 끓이는 데는 한 시간가량 걸린다. 소프리토를 기본으로 요리에 따라 허브와 향신료를 첨가한다.

소프리토를 소량으로 만드는 방법은 간단하다. 카수엘라나 프라이팬에 올리브 오일을 가열하고 다진 양파가 투명한 황금색이 될 때까지 볶는다. 양파가 부드러워지면 마늘과 다진 토마토를 넣고 센불에서 몇 분 동안 볶는다. 소금과 후추로 간을 한 소프리토는 토마토가 약간 줄어들 때까지 끓인다. 그러면 메인 음식에 추가하는 소스의 자태가 나온다. 여기에 토마토를 좀 더 많이 넣으면 소프리토 자체가 기본 토마토 소스가 된다. 씹히는 식감을 그대로 두거나 블렌더에 갈고 체에 걸러 부드러운 소스로 만들기도 한다. 닭고기나 돼지고기, 생선 등을 기름에 먼저 굽고 나서 소프리토에 졸여 완성한다.

파에야 맛의 숨은 비결은 소프리토다. 파에야 재료는 풍미를 더하기 위해 천천히 조리한다. 팬에 닭고기나 토끼고기를 굽고 소프리토 소스를 만든 후 육수를 붓고 사프란을 넣은 다음 육수가 끓으면 쌀을 넣는다. 이때 쌀이 익으면서 소프리토의 모든 풍미를 흡수한다. 밥알 하나하나에 깊은 맛이 스며든다.

punto

바스크에서 소프리토는 달콤한 채소 마멀레이드로 여긴다. 양파를 기본으로 토마토, 피망, 사프란, 고추장 같은 빨간 고추 초리세로(Choricero) 페이스트와 올리브 오일을 넣는다. 달콤하게 볶은 양파와 고추 소스인 소프리토는 바스크 요리에 두루두루 풍미를 입힌다. 바스크 요리사 베아트리스는 바스크의 여러 요리가 이 채소 마멀레이드 소프리토에 의존한다며, 그 다재다능함에 감사하다 했다.

소프리토는 한꺼번에 많은 양을 만들기도 하는데 필요한 만큼 해동할 수 있도록 작은 용기에 담아 얼리거나 얼음 틀에 얼려두어 활용하기도 한다. 소프리토는 며칠 전에 미리 만들어 밀폐 용기에 담아 냉장 보관하거나 최대 3개월 동안 냉동 보관할 수 있다.

호세 안드레스 셰프는 소프리토를 마스터한다는 건 스페인으로 가는 문을 여는 것이라 했다. 스페인 요리에 숨은 장치 소프리토는 한 걸음 더 가까이 타파스의 세계로 향하게 한다.

짧은 국수 피데오는
어디에서 왔을까

스페인 국수 요리와 첫 만남은 기다란 면이 아니라 길이가 짧은 면이었다. 스페인 친구 아나 돌스 집에서 코시도 마드릴레뇨(Cocido madrileño) 요리 수업을 열었을 때다. 닭고기, 소고기, 돼지고기에 각종 소시지와 채소, 병아리콩이 듬뿍 들어간 마드리드 사람의 스튜, 코시도 마드릴레뇨는 수프, 채소, 고기 순으로 세 가지 코스로 즐긴다. 먼저 진한 고깃국물에 잘게 쪼개어진 짧은 면을 넣은 수프를 먹는다.

수업 중에 '기다란 국수 면을 굳이 수고스럽게 쪼개어 넣을까. 면을 그냥 넣고 삶으면 될 텐데'라는 생각이 들었다. 곰탕에 당면이나 기다란 국수를 말아 먹는 문화에서 살아온 내게 길이가 짧은 면은 낯설었다. 스페인은 먹는 방식이 다른 걸까. 국물에 국수를 건져 먹는

젓가락을 사용 문화가 아니라서 그럴까. 숟가락으로 먹기 편하게 면을 쪼개는 걸까. 손으로 면을 짧게 쪼개는 순간에도 꼬리에 꼬리를 물고 궁금증은 더해갔다.

스페인에서 국수를 피데오(Fideo)라 한다. 스페인 슈퍼에 가면 길이가 짧은 면을 판매한다. 상품 포장지에는 가는 면, 중간 면, 굵은 면 순으로 면 굵기에 따라 번호가 쓰여 있다. 스페인은 왜 길이가 짧은 면을 먹는 걸까. 이 문화는 어디에서 왔을까. 그 호기심을 따라가 보았다.

1cm 전후로 길이가 짧은 면을 먹는 문화는 아랍에서 왔다. 북아프리카 모로코는 길이가 짧은 국수로 만드는 요리가 다양하다. 아랍인은 피돠스(Fidaws), 피데오스(Fideos)라고 불리는 길이가 짧은 국수를 스페인에 소개했다. 카탈루냐어로 국수 가게 피데우에르스(Fideuers)로 알려진 국수를 만드는 길드는 중세 초기부터 지중해 스페인에 등록됐다. 800년간 아랍의 지배를 받은 스페인은 그 이후로 다양한 형태의 파스타가 존재해 왔다.

국수는 파스타의 가장 간단한 형태 중 하나다. 남부 유럽에서 이를 처음으로 만든 건 그리스인으로 이트리아(Yttria)라고 불렀다. 아랍에서는 이를 이트리야(Itriyah)라 했고, 중세 시대에 유럽으로 다시 수출했다. 14세기 카탈루냐 요리책에는 피데오의 다른 이름으로 아랍어 이트리아(Itria)에서 파생된 알레트리아(Aletria) 요리법이 있다. 알레트리아는 9세기 무어인이 이베리아반도로 가져온 길이가 짧고 가느다란 면으로 만든 요리로, 포루투갈 디저트에도 그 흔적이 남아

있다. 현재 스페인에서 알레트리아라는 단어는 무르시아 지역 요리에서 발견한다. 갈비찜과 비슷한 요리로 파스타 면의 종류인 길이가 짧은 국수를 넣는다.

1429년 카탈루냐어 문서에 아랍어 파다(Fada)에서 유래한 피데우스(Fideus)라는 단어가 등장한다. 이는 가느다란 이탈리아 파스타 페델리니(Fedelini)보다 170년 이상 앞선 기록이다. 중세 카탈루냐 요리에서 국수는 캐서롤과 같은 짭짤한 요리와 마스터 로베르트라고 불리던 요리사가 쓴 요리책《리브레 델 코츠(Llibre del Coch)》에 나오는 디저트로 건포도와 무화과가 들어간 얇은 국수 케이크에 사용됐다.

스페인은 스페인만의 국수 요리법이 있다. 가장 얇은 피데오인 천사 머리카락 국수라는 카베요 데 앙헬(Cabello de angel) 파스타는 수프에 넣는다. 이탈리아 스파게티니와 비슷하지만 길이가 몇 센티미터에 불과한 피데오 고르도(Fideo gordo)는 아스투리아스에서 조개와 함께, 안달루시아에서는 사프란으로 맛을 낸 어부의 스튜에 넣는다.

발렌시아 주 알리칸테 지방에 있는 해변 휴양지 간디아(Gandía)에서는 매년 여름 최고의 피데우아(Fideuá) 요리 대회가 열린다. 이 요리는 파에야 팬에 생선, 해산물, 얇은 피데오로 만든 요리다.

이탈리아에서 생산한 다양한 유형의 파스타도 원래 아랍 레퍼토리를 풍부하게 했다. 19세기 부유한 카탈루냐인과 현대 스페인의 부르주아를 위해 이탈리아에서 스페인으로 온 이탈리아 요리사들은 고전적인 이탈리아 요리법인 카넬로니 로시니(Cannelloni Rossini)를 재해석했다. 카탈루냐 스타일로 소프리토 소스를 넣은 카날론스 아 라 바르셀로네사(Canalons a la barcelonesa)는 카탈루냐 가정식으로 즐겨 먹는 면 요리 중 하나다.

그러고 보면 스페인 국수 요리는 이탈리아의 영향보다 아랍의 흔적이 진하게 남아 있다. 길이가 짧은 국수를 먹는 건 어쩌면 스페인 사람에게 유전자처럼 무의식으로 남아 있는 게 아닐까.

60~80 min.

피데우아

파에야 팬에서 육수로 익혀 꼬들꼬들하게 먹는 면 요리다. 발렌시아에서는 정통 파에야 레시피로 조리하는 요리만 파에야라 한다. 오리지널 파에야는 쌀을 볶지 않지만, 쌀 대신 피데오 면으로 만드는 피데우아는 소프리토 소스에 면을 살짝 볶아낸다. 피데오 면에 해산물 육수 맛이 깊게 밴 피데우아는 매력적이다. 발렌시아 요리사로부터 배운 피데우아 레시피를 소개한다.

ingredient / 2인분

블랙타이거 3마리
새우 6마리
오징어 ½마리
제철 조개 7개
화이트 와인 1T
다진 마늘 1t, 다진 양파 1T
다진 토마토 ½개
소금 약간, 피멘톤 1t
엑스트라 버진 올리브 오일 4T
스파게티 면 100g
생선 육수 500ml
사프란 4가닥

[생선 육수] 1L

물 2L, 아귀 ½마리
파 1개, 양파 ½개
셀러리 줄기 1개
파슬리 줄기 2개
화이트 와인 120ml
엑스트라 버진 올리브 오일 1T
통후추 4알

recipe

1 먼저 생선육수를 준비한다. 냄비에 물을 붓고 아귀를 넣고 끓이다가 준비한 재료를 모두 넣고 끓인다. 거품은 수시로 떠낸다.

2 파에야 팬에 올리브 오일을 두르고 블랙타이거를 껍질째 볶은 후 따로 옮긴다. 같은 팬에 먹기 좋게 손질한 새우와 오징어를 볶다가 화이트 와인을 넣고 졸여준다.

3 2에 다진 양파와 다진 마늘을 넣고 볶다가 양파가 투명해지면 피멘톤과 다진 토마토를 더해 볶고 소금 간을 한다. 잘게 쪼갠 면을 넣고 고루 섞어주면서 살짝 볶는다.

4 뜨거운 생선 육수에 사프란을 넣고 우려낸 후 팬에 붓고 재료가 골고루 평평하게 자리 잡게 팬을 흔들어준다.

5 가장 센불로 4분, 중불로 3분, 약불로 3분가량 끓인다. 중불로 끓일 때 손질한 조개를 피데우아 위에 올린다.

6 육수가 거의 졸아들면 미리 볶아둔 블랙타이거를 올린다.

7 불을 끄고 뚜껑을 덮어 3분가량 뜸을 들인 후에 먹는다.

60 min.

아로스 네그로

검은 쌀밥이라는 뜻의 아로스 네그로는 파에야 팬에서 조리하지만, 오징어 먹물을 넣어 아로스 네그로라 한다. 엑스트레마두라 출신으로 발렌시아에서 자신의 이름을 내건 레스토랑으로 미쉐린 3스타를 받은 키케 다코스타(Quique Dacosta) 셰프는 접시에 담은 쌀 요리도 타파라 했다. 소개하는 아로스 네그로 레시피는 육수를 따로 내지 않아도 깊은 맛이 난다.

ingredient / 2인분

오징어 1마리
양파 $\frac{1}{2}$개
청피망 $\frac{1}{4}$개
마늘 2쪽
토마토 1개
오징어 먹물 1T
물 500ml
쌀 100g
엑스트라 버진 올리브 오일 3~4T
사프란 5가닥
소금 약간

[토핑]

레몬 $\frac{1}{4}$개

recipe

1 양파와 청피망은 1cm 크기로 자르고 마늘도 다진다.

2 중약불에 놓은 파에야 팬에 올리브 오일을 두르고 소금을 조금 넣는다.

3 양파, 피망, 다진 마늘(1쪽 분량)을 순서대로 약불에서 볶아 익힌다.

4 손질해 사각으로 자른 오징어 몸통과 오징어 다리를 팬에서 5~10분가량 볶는다. 오징어 다리는 따로 두고 팬에 토마토를 갈아 넣는다.

5 파에야 팬 한쪽에 사프란을 넣고 재빠르게 볶은 후 오징어 먹물을 넣고 두세 번 젓고 난 후 파에야 팬 안쪽 손잡이 부분에 동그란 리벳까지 물을 채우고 10분 끓인다.

6 물이 리벳 아래로 줄어들면 소금과 쌀을 골고루 넣고 다진 마늘을 추가해 젓지 않고 그대로 둔다.

7 강불에서 5~7분가량 조리하고 쌀이 알맞게 익을 때까지 약불에서 10분가량 조리한다. 약 5분간 뜸을 들인 후 레몬과 오징어 다리로 장식한다.

SOUVENIRS
arkupe

바스크 축제엔
시드라와 차콜리

시드라(Sidra)는 사과주스로 만드는 술이다. 스페인에서 시드라 생산을 가장 많이 하는 지역은 아스투리아스인데 바스크에서도 바스크 사과 품종으로 시드라를 만들고 즐겨 마신다.

9월 초에 열리는 에우스칼 자이악(Euskal Jaiak) 바스크 축제에 참여했다. 다 함께 사과주를 마시는 날이면 축제가 무르익는다. 바스크 문화와 전통을 한껏 뽐내는 축제로 바스크 지역의 음식을 먹으며 바스크 전통 음악을 듣고 수천 명의 사람이 시드라를 마시며 바스크의 요리 핀초스(Pintxos)를 먹는 날이다.

프랑스와 국경을 마주하고 살아온 스페인 북부 바스크인은 독자적인 언어와 문화에 자부심이 강하다. 그중에서도 풍부한 음식문화

로 세계적인 미식 도시로 유명하다. 핀초스는 바스크 요리의 진수다. 맛은 물론 여러 가지가 오밀조밀 어울려 예쁘다. 간단해 보이지만 섬세함을 지녔다. 산세바스티안에는 이런 핀초스 식당이 2백여 개나 있고 해마다 최고의 핀초를 뽑는 대회도 열린다.

"사가르도아!"

바스크에서는 시드라를 사가르도아(Sagardoa)라 한다. 쩌렁쩌렁한 목소리로 사가르도아를 외친다. 저마다 잔에 시드라를 따르고 한껏 들뜬 표정이다. 한 손은 컵을 아래에 두고 시드라 병을 잡은 손은 높이 들어 낙폭을 크게 하여 따라 주는 시드라 부스가 쭉 둘러싸여 있다. 낙폭을 주는 만큼 잔에서 튕겨 난 시드라로 바닥은 이내 절반이 시드라다. 그 가운데에는 전통 복장을 한 청년들이 옛 방식 그대로 사과 줍기와 사과 주스 만들기에 여념이 없다.

갈고리가 달린 나무 막대로 사과를 콕콕 찍어서 바구니를 톡 치며 담는데 숙련된 이들은 손이 무척 빠르다. 직접 해보니, 보기보다 쉽지 않다. 그 주변에는 시드라로 발효하기 전, 나무틀에서 전통 방식으로 압력을 가해 즉석에서 즙을 낸 신선한 사과즙을 맛보려고 줄을 섰다. 차례가 되어 한 모금 마셨다. 새콤달콤하다. 도수가 그리 높지 않은 시드라를 마시는 발걸음은 가볍다. 음악 소리에 흥겨운 춤사위가 벌어진다. 바스크식 사운드트랙이 계속해서 이어진다.

이튿날 산세바스티안 구시가지 해안가에 사람들이 몰려들었다. 귀여운 어린이들이 스카프를 목에 두르고 아코디언과 탬버린 소리에

맞춰 들뜬 표정으로 씩씩하게 걷고 있었다. 어디론가 아침부터 분주히 향하길래 어디 가냐 물으니 세상에서 가장 중요한 일이 있어 간다고 한다. 바스크 지역 전통 스포츠 조정 경기 레가타(Regatta) 결승 날이다. 수상 스포츠 레가타를 관람하면서 시드라를 마신다. 손에 땀을 쥐게 하는 경주를 직관하니 바스크인들이 왜 열광하는지 알겠다.

저녁에는 피아니스트 친구 마리아가 소속된 소시에닷 가스트로노미카, 미식협회 라 가스트로노미카(La Gastronómica)에 초대받았다. 미식협회가 모이는 장소 초코(Txoko)는 한때 남자만 들어갈 수 있었지만, 요즘은 여성 회원도 받아들인다.

라 가스트로노미카의 협회장 루이스 셰프는 산세바스티안 공식 행사를 총괄하는 셰프로 활약한다. 친구가 소속된 초코에는 피아노가 있다. 회원 중 노래하는 그룹도 있다. 마리아가 바스크 선율을 연주했고 이에 화답으로 아리랑을 연주하자 미식협회 회원인 곤살로 오르티스 전 주한 스페인 대사님이 아리랑을 불렀다. 분위기가 무르익을 무렵 부엌으로 향했다.

예전에 고래를 잡으러 떠난 바스크 남자들이 잡아 온 건 대구였다. 대구 살 대신 대구 턱살을 모아 만든 코코차(Kokotxa)는 오늘날 바스크인에게 별미다. 보리밥 먹던 시절을 지나 보리밥이 별미인 것처럼 말이다. 부엌에서 회원들이 직접 요리한다. 루이스 셰프의 안내로 두툼한 토기 카수엘라에 엑스트라 버진 올리브 오일을 두르고 다진 마늘과 대구 턱살을 넣고 회전하듯 냄비를 흔들었다.

코코차에는 화이트 와인 차콜리(Txakolí)다. 차콜리는 아랍어 차칼렛(Chacalet)에서 왔다. 이는 약하고 가벼우며 얇음을 의미한다. 루이스 셰프의 와이너리에서 생산한 차콜리는 톡쏘는 맛에 가볍고 아로마틱했다. 차콜리는 발포주로 산미가 높으며 섬세한 와인이라기보다 시드라를 만들던 방식이 같이 녹아있다.

거친 바다를 헤치던 투박한 바스크 남자들이 이런 전통을 만들고 오랫동안 지켜오고 있다는 게 멋지다. 바스크는 역시 미식의 천국 답다.

20
min.

바스크 초록 소스에 담긴 조개

살사 베르데(Salsa verde), 초록 소스는 스페인 북부 바스크의 고전적인 방식이다. 주로 염장 대구나 생대구 요리에 살사 베르데를 곁들인다. 이 레시피는 생선보다 조리가 간단한 조개로 응용한 타파다. 조개가 지닌 고유한 맛을 강조한 요리로 식감이 질기지 않게 조개를 살짝 데치는 게 중요하다.

ingredient / 2인분

백합 조개 10개
다진 파슬리 1T
엑스트라 버진 올리브 오일 2T
매우 잘게 다진 양파 2T
다진 마늘 $\frac{1}{4}$t
물 250ml
화이트 와인 1T
소금 약간

tip

어패류는 질기지 않게 익혀 부드러운 식감을 유지하도록 한다.

recipe

1 냄비에 물을 넣고 끓인다.
2 조개를 잘 씻어 끓는 물에 넣고 입을 벌릴 때까지(10~30초) 데쳤다가 꺼낸다.
3 조개는 체에 밭쳐 조개에서 나오는 즙을 모은 후 조개를 볼에 담고 숟가락이나 칼을 이용해 껍질로부터 조갯살을 발라낸다.
4 조개 즙에 조개 데친 물 100ml를 더하고 다진 파슬리를 넣고 블렌더로 곱게 갈아 파슬리 소스를 만든다.
5 중불로 올린 팬에 올리브 오일을 두르고 다진 양파를 투명할 때까지만 볶는다(갈색으로 변하지 않게 주의).
6 다진 마늘과 화이트 와인을 넣고 와인이 증발할 때까지 볶은 다음 파슬리 소스를 넣고 1분 볶는다. 완성된 맑은 빛깔의 초록 소스는 소금으로 간을 한다.
7 그릇에 초록 소스를 붓고 조개를 올린다.

20 min.

감바스 알 아히요

타파스의 기본 요소를 두루 갖춘 요리가 감바스 알 아히요가 아닐까. 단순한 재료에 조리 시간도 빠르고 미각을 만족시킨다. 엑스트라 버진 올리브 오일에 마늘과 새우가 익을 때 나는 향은 참을 수 없는 유혹이다. 빵 위에 새우를 올려 먹거나 마늘과 새우 맛이 밴 오일에 빵을 푹 찍어 먹어도 맛있다.

ingredient / 2인분

큼직한 새우 10마리
마늘 6쪽
말린 홍고추 2개
엑스트라 버진 올리브 오일 120ml
소금 약간

recipe

1 팬에 올리브 오일을 넣고 중불로 올린다.
2 마늘을 넣고 노릇해질 때까지 2분가량 조리한다.
3 2에 꼬리를 남겨두고 손질한 새우와 홍고추를 넣고 2분 조리한 다음 새우를 뒤집어 2분 더 조리한다.
4 새우가 골고루 익으면 소금으로 간을 한다.
5 불을 끄고 접시에 담거나 팬에서 그대로 먹는다.

tip

감바스 알 아히요는 새우에 따라 맛이 결정된다. 냉동 새우를 사용해도 되지만 생새우를 사용하는 걸 추천한다.

30 min.

칼라마레스 보카디요

오징어 튀김 샌드위치로 마드리드의 고전적인 타파 중 하나다. 오징어 몸통은 동그란 링 모양으로 튀겨내는데, 생선에 밀가루옷을 입혀 튀김 요리를 하는 안달루시아의 전통에 따른 방식이다. 북서부 칸타브리아에서는 오징어 몸통을 동그랗게 자르지 않고 길쭉길쭉 세로로 잘라 튀겨내는데, 이를 라바스(Rabas)라고 한다. 오징어 튀김 샌드위치는 맥주와 잘 어울린다. 아이들 간식으로도 그만이다.

ingredient / 2인분

오징어 1마리
레몬($\frac{1}{4}$개) 즙
월계수 잎 1장
밀가루 6T+코팅용 1T
우유 100ml
소금 약간
달걀 1개
엑스트라 버진 올리브 오일 500ml
바게트 2개 (각 15cm)
알리올리 소스 2~4T

tip

레몬 제스트를 오징어 튀김에 뿌리면 상큼함을 더한다.

recipe

1 오징어는 씻은 다음 머리는 분리하고 몸통은 껍질을 벗긴다. 키친타월로 오징어 표면을 문지르면 껍질이 벗겨지는데 오징어가 약간 얼려진 상태면 더욱 벗기기 더 쉽다.
2 오징어 몸통을 뒤집어 내장과 속에 붙어 있는 딱딱한 부분을 떼어내고 링 모양으로 동그랗게 1cm 크기로 자르고 그릇에 담는다. 레몬 즙을 골고루 버무리고 월계수 잎을 넣고 잠시 냉장 보관한다.
3 볼에 밀가루 6T, 우유, 소금, 달걀을 넣고 잘 섞는다.
4 프라이팬에 기름을 넣고 180도로 온도를 높인다.
5 오징어링에 얹었던 월계수 잎을 제거하고 오징어링의 물기를 뺀 후 밀가루 1T를 고루 묻혀 3에 넣어 섞는다.
6 오징어를 뜨거운 기름에 하나씩 넣고 1~2분 노릇노릇하게 튀긴 후 키친타월 위에 올려 기름을 제거한다.
7 바게트 사이에 오징어링을 넣고 기호에 따라 레몬을 뿌리거나 알리올리를 곁들인다. (알리올리 만드는 법은 p083 참고)

40 min.

홍합 에스카베체와 감자

에스카베체(Escabeche)는 갈리시아에서 가장 유명한 타파스 중 하나다. 에스카베체는 오일과 식초로 만든 소스로, 생선이나 다른 식재료를 마리네이드하여 저장한 음식을 말한다. 이는 음식을 보존하는 오래된 방법으로 페르시아 음식인 시크바즈가 에스카베체의 기원으로 본다. 스페인에서는 2세기 로마 시대에 이미 사용하던 조리법이다.

ingredient / 2인분

[홍합찜]

홍합 1kg
화이트 와인 100ml
통후추 5알

[에스카베체]

양파 ½개, 마늘 3쪽
월계수잎 1장
통후추 4알
오렌지(¼개) 제스트
피멘톤 ½T
말린 홍고추 1개
엑스트라 버진 올리브 오일 70ml
식초 50ml
화이트 와인 1T

[감자튀김]

감자 1개(사방 0.5cm 크기)
엑스트라 버진 올리브 오일 5T
소금 약간

recipe

1. 냄비에 통후추와 화이트 와인을 넣는다. 깨끗하게 씻은 홍합을 넣고 입을 벌릴 때까지 데친다.
2. 홍합은 건져내 체에 받치고 홍합 육수를 따로 모으고 껍질에서 홍합살은 발라내어 따로 둔다. 홍합 육수를 작은 팬에서 중불로 2분가량 졸인다.
3. 프라이팬에 올리브 오일을 중불로 가열해 65도로 높인다. 채 썬 양파, 껍질을 벗기지 않은 마늘, 월계수 잎, 통후추를 넣는다. 양파가 거의 다 익으면 오렌지 제스트를 넣는다. 모든 재료가 부드럽게 되면 불을 끄고 피멘톤과 홍고추를 넣어 에스카베체를 완성한다.
4. 3에 식초와 화이트 와인, 졸인 홍합 육수를 넣고 재빨리 다시 끓이고 홍합살을 추가한다. 홍합살이 에스카베체를 흡수하도록 4~5분 조리하고 불을 끈다. 소금으로 간을 한다.
5. 팬에 올리브 오일을 두르고 중불에서 감자를 튀기듯 볶고 소금으로 간을 한다. 노릇하게 익으면 키친타월에서 기름을 뺀다.
6. 숟가락 위에 감자와 홍합 에스카베체를 올린다.

4

달걀과 치즈

HUEVOS Y QUESOS

스페인에서 달걀은 부를 상징했다. 1618년 벨라스케스가 그린 달걀 프라이하는 할머니 그림에서 이를 엿볼 수 있다. 토르티야 에스파뇰라 또는 토르티야 데 파타타스라고 하는 감자 오믈렛은 기아와 맞서 귀한 달걀과 구황작물 감자로 푸짐하게 먹는 데서 시작했다. 달걀 요리에서 흘러내린 노른자는 소스처럼 빵에 찍어 먹는다. 스페인 치즈는 지리와 기후의 다양성으로 25개의 원산지 표시 보호 지역이 있다. 우유, 양젖, 염소젖뿐만 아니라 이들의 다양한 혼합으로 만들어진다. 가장 인기 있는 치즈 중 하나는 만체고 치즈다.

20
min.

만체고 치즈 롤리팝

스페인에서 양젖으로 만드는 치즈 중에 이디아사발(Idiazábal) 치즈는 미식 치즈로 여긴다. 바스크와 팜플로나에서 주로 생산하는데 가격도 비싼 편이다. 이디아사발이 아니더라도 양젖 치즈 중에 맛과 가격을 기준으로 합리적인 선택을 한다면 만체고 치즈다. 한국의 마트에서도 만체고 치즈를 쉽게 구할 수 있다. 아이들 간식으로 만체고 치즈 롤리팝을 만들어주면 정말 좋아한다.

ingredient / 2인분

만체고 치즈 100g

[부재료]

꼬치 스틱

recipe

1 오븐을 180도로 예열한다.

2 만체고 치즈를 그라인더에 간다.

3 베이킹 트레이에 종이 호일을 얹고 꼬치를 5cm 간격으로 배열하고 각 꼬치 끝에 1T 분량의 잘게 썬 만체고 치즈를 올리고 꼬치 주변으로 동그랗게 편다.

4 오븐에 넣고 5분가량 굽는다.

5 오븐에서 꺼내어 식히면 짭조름하고 바삭한 만체고 치즈 롤리팝 완성.

tip

얇게 간 만체고 치즈 위에 얇게 저민 선드라이드 토마토나 올리브를 올려서 오븐에 구워도 좋다.

5~10 min.

셀러리와 코티지 치즈 보트

스낵으로 전채요리로 와인과 곁들이기도 좋다. 간단하고도 센스 있는 요리다. 셀러리 속을 채우는 재료로 코티지 치즈 대신 리코타 치즈를 활용해도 된다. 셀러리에 로메스코 소스를 올려도 좋고 다양하게 응용할 수 있다. 고소하고 아삭하며 신선함이 느껴지는 타파로 늦은 밤 출출할 때 먹어도 부담이 없다.

ingredient / 2인분

코티지 치즈(리코타 치즈) 4~5T
엑스트라 버진 올리브 오일 1T
소금 약간
셀러리 줄기 1개
검은깨 약간

recipe

1. 볼에 코티지 치즈, 올리브 오일, 약간의 소금을 넣은 다음 부드럽고 균일하게 섞는다.
2. 셀러리 줄기는 약 4cm 길이로 자른다.
3. 숟가락을 사용하여 셀러리 스틱에 코티지 치즈를 채운다.
4. 검은깨를 뿌리고 접시에 담는다.

tip

냉장고에서 하루 보관이 가능하다. 차갑게 먹어도 맛있다.

20
min.

우에보스 로토스 바스코스

달걀과 초리소는 클래식한 결합이다. 올리브 오일에 튀겨낸 감자에 달걀 프라이를 얹고 달걀 노른자를 터트려 섞어 먹는 걸 우에보스 로토스(Huevos rotos) 혹은 우에보스 에스트레야도스(estrellados)라 한다. 바스크 스타일은 감자를 먼저 삶은 다음 올리브 오일에 튀겨내고 달걀 프라이는 가장자리를 바싹 익힌다. 감자 튀김 겉면은 바삭하고 속은 부드럽게 하는 게 포인트다.

ingredient / 2인분

큼지막한 감자 1개
달걀 2개
초리소 45g
엑스트라 버진 올리브 오일 100ml
소금 약간

tip

달걀 노른자와 초리소 맛이 나는 오일에 빵을 찍어 먹기도 한다.

recipe

1 냄비에 물을 붓고 끓이다가 소금을 한 꼬집 넣는다. 물이 끓는 동안에 감자는 껍질을 벗기고 작은 주사위 모양으로 깍둑썰기한다. 초리소도 감자처럼 큐브 모양으로 자른다.

2 끓는 물에 감자를 넣고 불을 약하게 줄인 다음 겉은 익었지만 속은 여전히 단단한 정도로 3분 삶는다. 감자를 건져내고 키친타월로 물기를 제거한다.

3 넓고 깊은 팬에 올리브 오일을 채우고 중불에 놓는다. 오일이 뜨거워지면 감자가 오일에 잠기게 넣고 황금빛 갈색이 될 때까지 2~3분가량 튀기듯 볶는다. 감자를 꺼내 접시에 담고 소금으로 간을 한다.

4 팬을 중약불로 가열하고 초리소를 볶는다. 이때 오일에 초리소 맛이 스며든다. 팬에서 초리소를 꺼낸다.

5 달걀 프라이를 한다. 이때 팬에 있는 초리소 맛이 나는 오일을 나무 숟가락으로 떠서 달걀 위에 얹는다. 소금으로 간을 한다.

6 접시에 감자와 초리소 큐브를 올리고 그 위에 달걀 프라이를 얹는다.

30~40 min.

토르티야 데 파타타스

스페니시 오믈렛으로, 스페인 국민 타파다. 감자, 올리브 오일, 달걀만 있으면 만드는 요리로 빵 사이에 끼워 먹으면 감자 오믈렛 샌드위치가, 토르티야 조각을 빵 위에 올려 꼬치로 고정하면 핀초가 된다. 양파 이외에 시금치나 버섯, 하몬을 추가해서 먹기도 하지만 클래식한 감자 오믈렛이 가장 인기 있다.

ingredient / 2인분

감자 2개
달걀 4개
양파 $\frac{1}{2}$개
엑스트라 버진 올리브 오일 120ml+6T
소금 1t

tip

취향에 따라 알리올리를 곁들여 먹는다. (알리올리 만드는 법은 p083 참고)

recipe

1 감자는 껍질을 벗기고 잘라 소금을 뿌리고 5분가량 둔다. 프라이팬에 올리브 오일 120ml를 넣고 약불에 감자를 튀기다가 불을 높여 완전히 익힌다. 감자가 노릇해지면 꺼내어 기름을 뺀다

2 양파를 다져 중불에 올린 다른 팬에 올리브 오일 3T를 두르고 부드러워질 때까지 볶는다.

3 커다란 볼에 달걀과 소금을 넣고 1분가량 빠르게 휘젓고 익힌 양파와 감자를 넣고 포크로 골고루 섞는다.

4 약불에 둔 팬에 올리브 오일 넣고 3을 팬에 붓고 살짝 응고되기 전까지 저어준다. 팬을 흔든 후 약불에서 서서히 익힌다.

5 불을 줄이고 팬 위에 접시를 놓고 팬과 접시를 뒤집어서 감자 오믈렛을 접시에 담는다. 아직 조리가 덜 된 접시 면과 맞닿아 있는 감자 오믈렛 면을 팬에 미끄러지듯 담고 팬을 흔들어준다.

6 노릇하게 익으면 팬 위에 깨끗한 서빙 접시를 놓고 뒤집어 감자 오믈렛을 접시에 담는다.

30 min.

러시안 샐러드와 달걀 새우 몬타디토

몬타디토(Montadito)는 빵 위에 여러 가지 재료를 올려 만드는 타파다. 좋아하는 재료를 빵 위에 차례로 얹어 먹는 재미가 있다. 안달루시아 타파스 바에는 메뉴에 다양한 몬타디토스가 있다. 안달루시아의 몬타디토 전통은 15~16세기부터다. 오픈 샌드위치의 일종인데, 샌드위치 자체의 전통보다 앞선다. 대중적인 만큼 간단한 레시피로 남녀노소 누구나 만들고 즐길 수 있다.

ingredient / 2인분

바게트 4조각
새우 4마리
달걀 2개
씨를 뺀 초록 올리브 4개
엔살라디아 루사 한 접시
엑스트라 버진 올리브 오일 2T

recipe

1 바게트를 올리브 오일에 살짝 토스트한다.
2 껍질을 벗긴 손질한 새우를 끓는 물에 넣어 데친다.
3 달걀은 완숙으로 삶고 반으로 잘라 노른자를 빼서 엔살라디아 루사와 섞어주고 케이퍼를 추가한다.
4 삶은 달걀흰자에 각각 엔살라디아 루사를 채운다. 토스트한 바게트 위에 속을 채운 달걀 반 개, 새우, 올리브 순으로 꼬치로 고정한다.

tip

사과나 셀러리, 새우나 게맛살, 호두 등 좋아하는 재료를 추가로 넣어 더욱 풍부하게 즐길 수 있다.

엔살라디아 루사

감자 1개, 당근 ¼개, 완두콩 200g, 마요네즈 3T

감자, 당근, 완두콩은 모두 삶아 물기를 빼고 볼에 넣고 식힌다. 감자와 당근은 깍둑썰기하여 잘게 다지고 마요네즈를 넣어 골고루 섞는다.

20
min.

멜 이 마토

카탈루냐 산골 마을 무라(Mura)에서 먹었던 멜 이 마토(Mel i mató)는 크림처럼 부드러운 신선한 치즈 위에 꿀과 견과류가 곁들여진 타파였다. 소금을 넣지 않은 치즈로, 양젖이나 우유로 만드는 마토는 리코타 치즈와 식감이 비슷하다. 한여름에 맛본 마토 치즈에 곁들인 꿀도 카탈루냐 산골에서 채취한 벌꿀이었다. 은은하게 꽃향기가 나는 꿀과 맑고 순수한 치즈가 그해 여름의 맛으로 오래 기억된다.

ingredient / 2인분

아몬드 50g
호두 1T
설탕 4T
엑스트라 버진 올리브 오일 3T
리코타 치즈 200g
꿀 3~4T

[토핑]

딸기, 블루베리

recipe

1 오븐은 200도로 예열한다.

2 끓는 물에 아몬드를 넣고 데친 후 껍질을 벗긴다.

3 종이호일을 얹은 오븐 트레이에 아몬드와 호두를 올린다. 오븐에서 6~7분 구운 후 꺼내어 따로 둔다.

4 6알을 제외한 나머지 아몬드는 설탕, 올리브 오일과 함께 블렌더에 넣고 고운 소스가 될 때까지 간 다음 따로 둔다.

5 접시 가운데 치즈를 놓고 아몬드 소스를 접시에 뿌려준다. 치즈와 그 주변에 꿀을 골고루 뿌려주고 호두와 나머지 아몬드, 딸기와 블루베리로 장식한다.

tip

아르베키나 품종으로 만든 엑스트라 버진 올리브 오일과 잘 어울린다.

5

디저트와 음료

POSTRES Y BEBIDA

무어인의 지배하에 마시지 못하던 상그리아에 그들이 전해준 시나몬과 레몬, 오렌지를 넣어 맛과 향을 풍부하게 했다. 아랍은 스페인에 쌀과 아몬드를 전했다. 투론은 아몬드를 주재료로 만드는 디저트로 아랍의 유산이다. 아메리카 대륙에서 가져온 카카오에 단맛을 넣은 초콜라테는 귀족만 맛보던 비밀 레시피였다. 소규모로 장인이 만든 초콜릿에 견과류나 과일을 넣기도 하며 쌀과 초콜릿으로 만든 투론은 크리스마스에 먹는 디저트 중 하나다. 수도원을 중심으로 달걀을 넣어 만든 디저트가 발달했다. 크레마 카탈라나도 카탈루냐의 수녀원에서 탄생했다는 일화가 내려온다.

아페리티보의 즐거움,
베르무트

뜨거운 여름이면 진한 허브와 약초향에 청량감이 느껴지는 시원한 베르무트(Vermut)가 생각난다. 베르무트는 한가로이 느슨하게, 리프레시와 활기를 안겨준다.

스페인에서는 그랬다. 어디로 가기엔 시간이 부족하고 그렇다고 마냥 기다리기엔 넉넉한 시간이 주어졌을 때 베르무트 한잔을 마시며 시간을 보냈다.

마드리드 시내를 걷던 여름날 오후, 무엇을 먹기보단 시원한 음료만 생각났다. 친구 아나 돌스와 식료품 가게 페르팔에 들러 베르무트를 주문했다. 도수가 은근 있는 베르무트 몇 모금에 이내 얼굴이 빨개졌다. 박하향에 약간 달콤하고 오렌지 맛이 느껴지는 작은 잔에 담긴

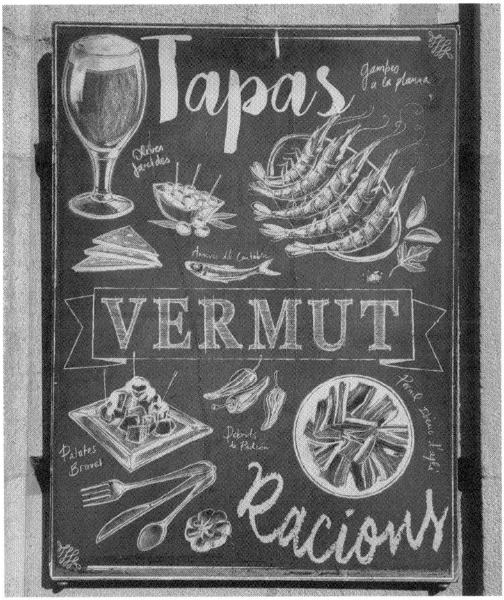

Tapas
VERMUT
Patates Bravet
Racions

베르무트가 갈증 해소는 물론 발걸음에 재충전을 가져다주었다.

바르셀로나 몬세라트 수도원 성당에서 성가대석에 앉은 소년 합창단 에스콜라니아가 부르는 성가가 아름답던 미사를 드리고 나오자 길가에서 꿀이랑 치즈를 판매하고 있었다.

물건도 사고 구경을 하다 내려왔더니 바르셀로나 시내로 가는 기차를 바로 앞에서 놓쳤다. 적어도 다음 열차까지 한 시간은 기다려야 하는 상황이었다. 다시 몬세라트에 오르기도 그렇고 작은 아에리데 몬세라트역에는 음료수 자판기뿐이었다. 역 플랫폼을 보니 타파스 식당 푯말이 있어 표시 방향으로 따라 걸었다. 그 역 근처 타파스 식당이라곤 하나뿐이었다. 긴 배차 간격에 사람들의 니즈를 채워주는 틈새 식당이었다. 야외 간이 테이블에는 저마다 베르무트가 올려져 있었다. 나 역시 베르무트를 주문했다. 일부러 시간이라도 낸 듯, 베르무트 시간을 얻었다. 스페인에서는 이를 라 오라 델 베르무트(La hora del vermut)라 한다.

스페인어 베르무트(Vermut)는 독일어 베르무트(Wermut)에서 왔다. 독일어로 베르무트는 쑥을 뜻한다. 베르무트 제조법은 다양하지만, 반드시 포함해야 하는 유일한 허브는 쑥이다.

와인은 부피의 75% 이상을 차지해야 하며 볼륨당 알코올 함량은 14.5%~22%로 강화하고 나무껍질, 뿌리, 향신료, 허브와 껍질을 지닌 과일 성분으로 맛을 낸다. 발효되지 않은 포도즙 머스트와 설탕이나 캐러멜로 단맛을 내기도 한다.

스페인에서 미식 관습 중 하나가 식전 술 아페리티보(Aperitivo)다. 이웃한 유럽 다른 나라는 대부분 저녁 식사 전에 마시지만, 스페인에서는 규칙이 없고 지역에 따라 다른데 전통적으로 점심 식사에 즐긴다.

고대 그리스 의사인 히포크라테스는 쓴맛이 나는 음료가 식욕을 자극한다고 했다. 남유럽인들은 중세와 르네상스 시대를 거치면서 이를 마셔왔고, 18세기에는 현재 베르무트로 알려진 허브가 함유된 화이트 와인이 이러한 목적으로 유행했다. 당시 이탈리아 토리노에서는 모던 베르무트로 인기를 끌었다. 스페인에서는 이 강화 와인이 독자적인 위치를 차지했다. 19세기 후반 바르셀로나에서 큰 인기를 얻었고 화이트 와인을 베르무트로 만들었다.

베르무트는 결국 유명해져 스페인 식문화 중 하나로 자리했다. 20세기 후반에는 인기가 떨어졌지만 지난 10년 동안 스페인에서 베르무트가 붐을 일으키며 다시 돌아왔다. 라 리오하, 마드리드, 바르셀로나, 바스크, 라 코루냐, 타라고나, 부르고스, 카디스 등 다양한 지역에서 스위트와 드라이한 베르무트가 등장했다.

오늘날 최고 품질의 수제 베르무트는 와인에 쑥을 포함한 향신료(세이보리, 민트, 시나몬, 오렌지 껍질, 용담, 정향, 육두구, 세이지, 고수, 아니스 등)를 넣고 여러 방식으로 만든다. 스페인산 레드 베르무트는 단맛과 과일 맛이 더 뚜렷하다. 단일 포도로 만든 베르무트, 로제 베르무트 등 스페인은 오늘날 150개 이상 서로 다른 장인의 베르무트를 생산한다.

베르무트를 가장 맛있게 마시는 방법으로 레드 베르무트에 얼음과 함께 오렌지 조각을, 화이트 베르무트에는 레몬을 곁들이는 걸 추천한다. 상그리아를 만들 때 베이스로 베르무트를 넣는다. 베르무트가 없으면 트리플 세크나 코냑, 브랜디를 첨가하기도 한다.

일요일 오후 한때 잔에 베르무트를 따르고 올리브와 오렌지 슬라이스를 떨어트리면 베르무트의 시간이 시작된다. 아페리티보의 즐거움, 식사 전 마법의 시간에는 베르무트가 있다.

20 min.

상그리아

상그리아는 사계절 음료다. 한여름에 마시는 시원한 상그리아는 더위를 잊게 한다. 크리스마스 홈 파티에도 분위기를 북돋아준다. 레드 와인 빛깔이 빨간 피를 연상케 하여 상그리아라고 불렀다. 상그리아는 레드 와인에 껍질을 포함한 과일과 주스, 베르무트, 브랜디나 코냑, 향신료와 함께 취향에 따른 탄산수를 넣어 만든 음료다. 타파스와 함께 곁들여 새콤달콤 맛있게 즐길 수 있다.

ingredient / 2인분

레드 와인 500ml
설탕 2T
시나몬 스틱 1개
오렌지 주스 100ml
코냑 또는 브랜디 70ml
오렌지 $\frac{1}{2}$개
레몬 $\frac{1}{2}$개
탄산수 100ml
얼음 약간

recipe

1 레드 와인에 설탕을 넣고 잘 저어준 다음 시나몬 스틱을 넣는다.

2 오렌지 주스와 코냑(브랜디)을 추가한다.

3 자른 과일을 넣는다.

4 최소 두 시간 동안 실온에 두거나 하루 정도 냉장고에 넣어둔다.

5 탄산수와 얼음을 넣는다.

tip

베르무트가 있다면 코냑이나 브랜디 대신 넣어도 좋다. 과일을 추가한다면 무르지 않은 단단한 과일을 넣는다. 냉장고에서 3일 정도 숙성하면 더 맛있다.

15~20 min.

크레마 카탈라나

크레마 카탈라나는 카탈루냐 전통 디저트다. 산호세(San José)의 날이자 아버지의 날에 먹는 디저트로 14세기 카탈루냐 요리책 리브레 데 센트 소비(Libre de Sent Soví)에 나오는, 유럽에서 오래된 디저트 중 하나다. 카탈루냐 크림 크레마 카탈라나는 프랑스에 소개되었는데 이를 크렘 브륄레라 한다. 커스터드 크림에 설탕을 뿌리고 이를 녹여 단단한 캐러멜층을 만드는 게 특징이다. 숟가락으로 톡톡 깨어 먹는 스페인식 달고나와 부드러운 크림은 언제나 옳다.

ingredient / 2인분

우유 250ml
레몬(1개) 껍질
시나몬 스틱 1개
달걀 노른자 2개
설탕 2T
옥수수전분 1T

recipe

1 소스 냄비에 우유 200ml를 붓고 레몬 껍질과 시나몬 스틱을 넣고 맛이 우러나도록 끓인다.

2 볼에 우유 50ml, 달걀 노른자, 설탕, 옥수수전분을 넣고 골고루 저어준다.

3 2에 레몬 껍질과 시나몬 스틱을 넣고 끓인 우유를 천천히 부으면서 뭉치지 않게 계속 저어준다.

4 3을 소스 냄비에 붓고 중불에서 6분가량 걸쭉한 크림 형태가 될 때까지 저어준다.

5 오목한 작은 그릇에 둘로 나눠 냉장고에서 식힌다.

6 크림 위에 설탕을 뿌리고 토치를 이용해 캐러멜라이징한다.

tip

크림 위에 미리 캐러멜라이징하면 표면이 눅눅해지므로 제공하기 직전에 캐러멜층을 만든다.

60 min.

바스크 치즈 케이크

산세바스티안 구시가지 핀초스 바 중 하나인 라 비냐(La viña)에서 유래했다. 해 질 무렵 북적북적 사람이 몰리는 핀초스 거리를 가본 사람은 안다. 거의 탄 것처럼 보이는 치즈 케이크를 먹기 위해 사람들이 라 비냐로 모여든다. 겉은 짙은 브라운으로 캐러멜라이징 되면서 크러스트가 생기고 속은 부드러운 질감이 특징이다. 진한 치즈 맛이 매력적인 바스크 치즈 케이크를 구우면 집안 가득 공기가 따사롭고 향기롭다.

ingredient / 케이크 1판

(지름 21cm 높이 4.5cm 원형틀)

크림치즈 600g
생크림 260g
설탕 140g
소금 2g
달걀 4개
밀가루(박력분) 20g
바닐라 익스트랙트 3g

[부재료]

유산지(종이호일)

tip

바스크 치즈 케이크는 페드로 히메네스(Pedro Ximénez) 셰리 와인과 잘 어울린다.

recipe

1 크림치즈와 생크림을 냉장고에서 꺼내 실온에 30분가량 둔다.

2 오븐을 230도로 예열한다. 크림치즈가 덩어리로 뭉치지 않게 실리콘 주걱으로 부드럽게 풀어주면서 골고루 섞고 설탕과 소금, 달걀을 넣어 거품기로 크림 상태가 될 때까지 잘 섞어준다.

3 2에 생크림과 바닐라 익스트랙트를 넣고 골고루 섞어준다. 그 위로 밀가루는 솔솔 체 쳐 곱게 만들고 잘 섞어준다.

4 케이크 틀에 유산지를 무심한 듯 툭툭 모양을 잡아주며 두 겹 겹친다.

5 준비한 재료를 모두 틀에 붓고 미리 230도로 예열한 오븐에 넣고 40분 동안 굽는다. 중간에 상태를 확인하고 오븐에서 10분 더 굽고 꺼내어 식힌다.

6 냉장고에서 서너 시간 두었다가 차갑게 먹으면 바스크 치즈 케이크를 더욱 맛있게 즐길 수 있다.

달달한 도시 아스트로가에서 초콜라테

산티아고 순례길 여정에서 레온 지역을 걷던 중이었다. 발길이 닿은 곳은 아스트로가(Astroga). 예상치 못했던 먹구름이 몰려오더니 비가 내렸다. 지친 몸이니 잠시 쉬어가라고 빗방울이 이야기하는 것만 같았다. 재빨리 카페로 들어갔다. 세월이 느껴지는 중후한 초콜릿색 문을 열고 들어서니 달콤한 향이 감돌았다.

이른 아침이라 테이블은 한가로웠다. 한기가 느껴져 따뜻한 초콜라테를 주문했다. 호로록 마셔진다기보다 밀도 높은 진하디진한 초콜릿 음료였다. 희고 두툼한 따뜻한 잔을 두 손으로 감싸고 홀짝이듯 마셨다. 잠시 잠깐 달콤함에 몸을 기대었다. 온몸이 스르르 녹았다. 마법처럼 어느새 기운이 났다. 아스트로가의 명물인 설탕이 뿌려진

ESMERADA ELABORACIÓN
CHOCOLATES DE ASTORGA
CHOCOLATES DE ASTORGA
Chocolate EL PALACIO 3,95 €
CON ALMENDRAS
Chocolate La Cepedana
CHOCOLATES LA CEPEDANA
CHOCOLATE FAMILIAR A LA TAZA
CHOCOLATE NEGRO
80% CACAO
Chocolate a la taza 400 gr 3,65 €
Chocolate a la taza 300 gr 2,85 €
Chocolate 80% 100 gr 2,60 €
Chocolate con leche 100g 2,85 €
LA CEPEDANA

스펀지처럼 폭신하고 부드러운 빵 만테카다(Mantecada)도 초콜라테와 곁들였다. 카페에서 빗소리를 들으며 오전을 그렇게 보냈다. 내게 아스트로가는 달콤한 휴식을 안겨준 달달한 도시다.

금과 부를 찾아 신대륙으로 떠난 정복자 에르난 코르테스(Hernán Cortés)는 아즈텍 황제가 준 코코아를 마셨다. 아즈텍에서 카카오 열매는 통화 교환 수단으로 사용했던 귀중한 열매였다. 카카오 콩 4개는 토끼 한 마리를, 콩 100개는 좋은 칠면조를 살 수 있었다.

정복자 베르날 디아스 델 카스티요(Bernal Díaz del Castillo)는 당시 코코아 음료의 맛을 기록으로 남겼다. 아즈텍 마지막 왕 몬테수마(Montezuma)의 궁전에서 황금 컵에 담긴 초콜라테는 쓴맛이 나는 음료로 절구 몰리니요(Molinillo)에 나무로 만든 거품기를 휘저어 만들었다.

1528년 에르난 코르테스는 멕시코산 카카오 콩을 스페인으로 가져왔다. 스페인은 멕시코에서 가져온 금과 은에 열광했지만, 쓴맛이 강한 카카오 음료는 스페인 사람 입맛에 맞지 않았다.

스페인어로 기록한 초기 초콜릿 음료 레시피를 보면 가루로 만든 코코아, 바닐라, 정향, 고추와 함께 아메리카 원주민의 몸을 검붉게 칠하던 아치오테(Achiote)를 소량으로 넣었다. 립스틱 나무의 씨앗 아치오테는 오늘날 치즈와 버터 등 붉은 오렌지빛 착색제 안나토의 재료다. 주변에서 아치오테는 쉽게 못 구하더라도 카카오 99% 초콜릿을 녹여 고추를 넣어 음료를 만든다는 상상을 하니, 당시 스페인 사람의 반응에 고개가 끄덕여진다.

MANTECADAS
Artesanas
de ASTORGA
Paquete 1,70 €.

그러던 코코아 음료에 고추와 아치오테를 빼고 단맛을 넣자 존재감이 급부상했다. 꿀, 사탕수수, 시나몬과 섞은 코코아는 스페인 귀족 사이에서 빠르게 인기를 끌었다. 초콜릿은 사치와 권력의 상징이었다. 왕실과 일부 부유한 사람만이 즐기는 비밀의 맛이었다. 카카오 콩과 초콜릿 음료 맛은 꽁꽁 봉해져 있었다.

이국적인 수입품은 엘리트 계층 일부만 살 수 있었다. 가톨릭 수도자도 초콜릿을 좋아했고 종교적 의례를 돕기 위해 초콜릿을 마셨다. 초콜라테는 금식 기간을 버텨내는 데 도움을 주는 강장제였다.

아스트로가는 유럽에서 초콜릿 발상지로 스페인에서도 초콜릿으로 알려진 곳이다. 그 배경에는 혼인과 관련 있다. 에르난 코르테스가 1545년 딸이 아스트로가 후작과 결혼할 때 지참금의 일부로 카카오를 가져오면서다. 예쁘고 작은 마을 아스트로가는 그리하여 초콜릿으로 유명해졌다.

노새로 짐을 운반하던 마부는 갈리시아 라 코루냐에서 카카오 콩을 가져와 아스트로가 후작과 지역 가톨릭 교구의 초콜릿 제조업체에 공급했다. 코코아 제품은 치료 목적으로 후추 등의 성분과 혼합해 약국에서 판매되기도 했다. 아스트로가에서 최초의 초콜릿 매장은 1580년에 문을 열었다.

아스토르가의 초콜릿 박물관에 가면 16세기에 초콜라테를 담던 머그잔을 볼 수 있다. 마드리드에서도 16세기를 시작으로 18세기에는 초콜릿 음료가 삶의 일부였다.

도자기로 만든 초콜라테 전용 잔을 히카라(Jícara)라고 하는데 이는 호리병박(Nahuatal xicalli)에서 이름이 유래했다. 당시 토속적인 호리병박으로 만든 컵에 초콜라테를 담아 마셨다. 페루 총독을 지냈던 마르케스 데 만세라(Marqués de Mancera)는 만세리나(Mancerina)라는 초콜릿 음료 전용 컵을 개발했다. 컵이 넘어지지 않게 도자기나 금속으로 고정하는 틀을 만들어 컵을 담는 구조로 초콜라테를 마시다 쏟을 염려를 덜게 한 영리한 발명품이다. 음식문화에 따른 식기는 이렇게 발전해갔다.

스페인에서는 꽤 오랫동안 초콜릿을 조용히 맛보았다. 이웃 프랑스와 나머지 유럽에 도달하기까지는 거의 1세기가 걸렸다. 1615년 프랑스 왕 루이 13세는 합스부르크 왕가의 스페인 왕 펠리페 3세의 딸인 아나 마리아 마우리시아(Ana Maria Mauricia, 안 도트리슈) 공주와 결혼했다. 바야돌리드에서 태어난 스페인 공주는 혼인을 축하하기 위해 프랑스 왕실에 초콜라테를 가져왔다. 1660년 펠리페 4세의 딸 마리아 테레사가 프랑스 왕 루이 14세와 결혼하면서 초콜릿을 만드는 시녀를 함께 데려갔다. 이후 프랑스 왕실과 상류사회에 초콜릿이 유행하게 되었다.

스페인에서 뜨거운 초콜릿 음료는 프랑스보다 걸쭉하다. 그 이유는 간단하다. 추로스나 페이스트리, 비스킷을 걸쭉한 초콜릿에 듬뿍 찍어 먹는 걸 좋아해서다. 초콜릿에 과자를 찍어 먹는 방식의 시작은 스페인이다.

20 min.

투론 데 수차드

스페인에서 왕실 귀족들이 먹던 투론은 일반적으로 아몬드를 주재료로 만드는데, 투론 데 수차드는 초콜릿으로 만든 투론이다. 20세기 초 스위스의 초콜라티에 펠리페 수차드(필리프 쉬샤르)가 스페인에 진출해 현지화한 투론을 만들었는데, 이후 초콜릿으로 만든 투론에 그의 이름 수차드가 붙으면서 하나의 대명사가 됐다. 쌀 튀밥 초콜릿 투론은 스페인에서 크리스마스에 먹는 투론 중 하나다. 바삭한 크런치 식감에 달콤함이 어우러져 간식으로 디저트로 그만이다.

ingredient / 투론 바 1개

밀크 초콜릿 200g
엑스트라 버진 올리브 오일(식물성 오일) 3T
쌀 튀밥 20g

[부재료]

유산지(종이호일)
파운드틀(직사각형틀)

recipe

1 파운드틀 바닥과 옆면에 유산지를 재단해 두른다.
2 소스 팬에 올리브 오일을 넣고 약불에서 초콜릿을 녹인다.
3 2에 쌀 튀밥을 넣어 골고루 저어준다.
4 유산지를 두른 파운드 틀에 초콜릿을 버무린 쌀 튀밥을 넣고 주걱으로 평평하게 펼친 후 식힌다.
5 한 입 크기로 알맞게 잘라 먹는다.

tip

초콜릿 투론을 틀에 담고 굳기 전에 아몬드나 견과류로 장식해도 좋다.

50~60 min.

캐러멜 아몬드

스페인 안달루시아 지역 세비야나 그라나다 거리를 걷다 보면 캐러멜 아몬드를 파는 가게를 흔히 볼 수 있다. 가게 입구에서부터 달콤한 향이 가득한데 저마다 캐러멜 아몬드를 시식해보라며 친근하게 건넨다. 아랍에서 건너온 아몬드에 캐러멜을 입힌 알멘드라스 가라피냐다스는 간식 삼아 하나씩 먹기 좋다. 스페인에서 미식 견과류에 속하는 마르코나 아몬드로 만들면 한층 더 고급스러운 맛이 난다.

ingredient / 2인분

껍질 벗기지 않은 아몬드 120g
물 50ml
설탕 50m

recipe

1 팬을 약불에 두고 물, 설탕, 껍질을 벗기지 않은 아몬드를 넣는다.
2 중약불에서 물이 증발할 때까지 계속 저어준다.
3 물이 없어지면서 아몬드 표면에 설탕이 붙어 포슬포슬해진다. 설탕이 캐러멜처럼 만들어져 갈 때 아몬드에 스며들 수 있도록 계속 저어준다.
4 아몬드가 캐러멜을 입으면 뜨거운 상태로 서로 붙기도 하는데 조심스럽게 하나씩 분리한다.

tip

물이 바짝 마른 상태에서 가열하며 계속 저어주다 보면 건조해진 아몬드 표면이 반들반들 윤이 나며 캐러멜을 입게 된다.

식탁 위에서 이야기, 소브레메사

타파스는 거들 뿐 메인은 이야기다.

스페인에서 식사 후 식탁에서 도란도란 이야기하는 문화를 소브레메사(Sobremesa)라 한다. 바쁜 일상 가운데 가족이 모여 저녁을 먹고 수다 속에서 생각과 감정을 공유하고 신뢰와 가족애를 느끼는, 생생한 목소리로 서로에게 위로와 힘을 주는, 그런 전통을 중요하게 여긴다.

가족뿐 아니라 친구와 우정을 나누고 직장 동료와도 공식적인 업무를 넘어 생각과 아이디어를 교환하는 문화로 소브레메사가 있다. 반드시 여럿이 모일 필요는 없다. 테이블에서 두 사람만 있어도 충분하다.

책 출간을 앞두고 가족과 함께 스페인으로 떠났다. 코로나 팬데믹 이후 오랜만이다. 타파스 바 야외 테이블은 시끌벅적했고 식당도 활기찼다.

세 가지 코스를 먹은 후 자리에서 바로 일어나는 이는 드물다. 소화도 시키면서 행복감을 느끼는 데는 역시나 수다다. 테이블을 보니 좀처럼 일어날 기미가 안 보였다. 코스 요리를 선보이는 바르셀로나의 한 고풍스러운 레스토랑은 평일 저녁임에도 이미 예약이 꽉 차서 발길을 돌려야 했다.

거리마다 들려오는 라이브 연주 소리는 도시를 풍성하고 화사하게 했다. 잠들지 않는 금요일 밤 마드리드 거리는 젊은이뿐 아니라 연세 지긋한 할머니, 할아버지도 삼삼오오 소브레메사로 이야기꽃을 피웠다. 소녀 감성에 마음은 20대라는 엄마와 스페인에서 소브레메사를 가졌다. 그동안 모녀지간에 마음을 표현할 공간과 시간이 있었던가 싶었다. 그 가운데는 타파스가 있었다.

세비야의 레스토랑에서 친구 사이인 가족들이 저녁 식사 후 야외 테이블에서 수다를 떠는 동안 아이들은 마당에서 놀이했다. 그 웃음소리가 근처 호텔 창문 너머에도 들려와 창밖을 내려다본 딸아이도

같이 어울려 놀고 싶어 했다. 키를 봐선 나이가 비슷해 보였다. 아니나 다를까. 또래였다.

아이들은 첫 만남에도 스스럼없이 놀이에 스며들었다. 스페인 어린이들은 반짝이는 눈으로 놀이 규칙을 설명하다 막히면 몸짓, 발짓 구글 번역기까지 동원하며 마음을 다해 딸아이와 주파수를 맞췄다. 어른들이 대화하는 동안 아이들이 칭얼대지 않고 그 공간에서 놀이하며 신나고 재미있게 보내는 모습이 귀엽고 예뻐 보였다.

스페인 사람들은 스트레스를 쌓아두지 않는다. 타파스를 먹으며 그때그때 수다로 스트레스를 푼다. 지나고 보면 별일 아닌 일을 그땐 스트레스 강도가 심했다. 그런 이야기를 스페인 친구 아나 돌스에게 터놓으면 일단 타파스부터 먹었다. 스테레오 타입을 거부하며 자신의 위치에서 세상이 조금이나마 더 낫길 바라는 따뜻하고도 진취적이며 열정적인 친구다. 아나는 스페인의 빛나는 모습뿐 아니라 영화를 통해 스페인의 어두운 면모도 보여주려 했다.

기쁜 날 타파스를 요리하면 파티가 된다. 일상에서 지치거나 무료할 때, 편안하게 휴식할 때 그 잠깐의 쉼에 타파스의 여유는 에너지를 준다.

타파스와 함께 서로의 눈을 마주 보고 하루 동안 있었던 일을 이야기하며 힘든 일은 훌훌 털어 내고 삶을 너무 무겁지도 가볍지도 않게, 좋았던 일, 다행인 것, 고마운 마음을 나누며 일상의 긍정적 루틴을 이루는 데 초점을 맞추려고 한다.

챗GPT 시대 AI가 대체할 수 없는 건 이런 게 아닐까. 가족 간에 따뜻한 환대로 맛을 음미하며 이야기 나누는 동안 정서적 지지와 정신적 안정을 주는 게 아닐까 싶다. 타파스를 만드는 주방은 하나의 실험실이자 매일 새로움을 발견하는 창의적인 공간이다.

타파스를 매개로 공존과 소통이라는, 삶의 희로애락을 버무려내는 소브레메사는 팬데믹 이후 더욱 소중한 가치로 다가온다. 주말 저녁 타파스를 요리해 소중한 사람과 소브레메사를 갖는 건 어떨까.

오늘은 타파스

초판 1쇄 발행 2023년 6월 15일

지은이 권혜림

편집 이동은, 김주현, 성스레
미술 강현희, 정세라
마케팅 사공성, 강승덕, 한은영
제작 박장혁

발행처 북커스
발행인 정의선
이사 전수현

출판등록 2018년 5월 16일 제406-2018-000054호
주소 서울시 종로구 평창30길 10
전화 02-394-5981~2(편집) 031-955-6980(마케팅)
팩스 031-955-6988

ISBN 979-11-90118-54-5 13590

• 북커스(BOOKERS)는 (주)음악세계의 임프린트입니다.
• 값은 뒤표지에 있습니다.
• 파본이나 잘못된 책은 구입하신 서점에서 교환해 드립니다.